しっぽ学

東島沙弥佳

光文社新書

はじめに

この本を手に取ってくださっているあなたは、この本に一体何を期待してページを開いてくれたのだろうか。

タイトルの「しっぽ」という部分に惹かれたから？　自宅にいるイヌやネコのしっぽを観察して、その動きからもっと気持ちを読み取りたかった？　子どもと動物園に行く前の予習？　それとも、しっぽ、そのもののことが気になっているのだろうか。あるいは、「しっぽ学」という見慣れぬ単語にグッときた方もいるだろうか。しっぽなど研究して、なんの役に立つのだろう？　そんな疑問が湧くのも至極まっとうだ。あるいは単に、目新しい本を物色していただけかもしれない。

なぜこんなことを最初に聞くのかというと、それは私がこの本を書くにあたり非常に迷走したからに他ならない。この本は一体、誰がなんのために読むのだろう。そんなことを考えて、最初に作った構成案をひっくり返してしまった。

この本は、私にとって初めての一般書だ。企画をいただいたときは本当に嬉しかった。だから、私のこれまでの研究やしっぽの魅力を詰め込もう！　と、構成を考えたわけである。かなり体系的なしっぽの知識本ができあがりそうな目次だったし、編集者の皆さんからもゴーをもらった。それなのに、である。「はじめに」を書き終えた後、私の筆はぴたりとそのまま動かなくなってしまった。

やる気がないわけでは決してない。書きたい。なるべく早く書きたい。でも、書けない。なぜだろう。理由がよく分からず、私は、とりあえず他の人が書いた本を目につくものから読み漁《あさ》ることにした。

世の中に存在している新書の内容は本当に多彩で、いわゆる大学の教養科目のような入門用教科書的な内容から、さっくりと読める科学エッセイまで多岐にわたっている。私の本は当初、その中の教科書的なラインナップに仲間入りしそうな内容だった。

しかし、そこでふと気づいてしまったのだ。

「この内容は本当に、私が面白いと思っている内容なのか」と。

書き手が面白いと思えなければ、読み手も面白いわけがない。私が本当に伝えたいのは、しっぽの豆知識や雑学なのだろうか。そんな本、もし私が読者なら最後まで読むだろうか。買った価値があったと思えるだろうか。

いい話というのは不思議なことに、一つ舞い込んでくると次々に仲間を引き連れてくれるものらしく、最近の私のところには、これまでとんと縁のなかった動画出演のオファーが時折やってくるようになった。この本の企画にしても、そうした動画にしても、私のことを「面白い研究者」だと評価してくださってのことなのだが、一体どこを「面白い」と評価してくれたのだろう。そう思って、これまでの対談内容を思い返してみた。

するとどうやら、そうした企画者は皆、必ずしも「しっぽ好き」や「動物好き」というわけでもなさそうである。しっぽのことが知りたすぎるから専門家を探して私に行き着いた、というよりも、しっぽというテーマに着目して研究している変わった人間である私、しっぽそのものでなく、研究内容そのものでもなく、それを研究する私の方に興味があるのではないかと思った。

そういう目線で世の中を眺めていると、皆さんが知りたいのは意外と本筋ではなく、その舞台裏なのではないかという気がしてきた。たとえば、若い棋士が何万手先をどう読むのか、という本題よりも、彼が対局中に食べたランチやスイーツが話題にのぼるように。あるいは、俳優がどう役作りに没頭するのかよりも、彼らが身につけている服飾品や乗っている車に目がいくように。

本筋の光があってこそなのではあるが、それをふまえた上で舞台裏を様々な角度から知りたい人が多いのではないかと、私は思ったわけである。一介の研究者である私などの経験談や舞台裏なんて誰が知りたいものかという自問自答も当然したのであるが、それはまあ、小説などでも同じようなものだろうと自分を納得させることにした。

ひとが今存在している自分として人生を生きられるのは、おそらく一回だろう。選択の機会は多く、それらはいずれも不意に訪れることもあり、思慮する時間も無限にあるわけではない。ゆえに、皆、他の人の生き方を参考にしたいのではないだろうか。

だからこそ、しっぽの雑学を詰め込んだ本より、私がしっぽの研究者としてここに至るまでの道の方が、書いていて面白そうな気もするし、色々な角度から読んでもらえるだろうと思った次第である。しっぽについての豆知識や詳しい話は講演や論文、他の著書でお伝えすることとして、この本にはそうした真面目な機会にはなかなか盛り込みづらい舞台裏を綴ってみようと思っている。

私のしっぽ学は、まだまだ始まったばかりであるし、今も日に日に進んでいる。そのため、この本はしっぽ学の集大成というわけではない。むしろどのようにここまで行き着いたのか、何を思ってそんなことをしているのか、という研究のライブ感が伝われば幸いである。

しっぽ学

目次

第4章

しっぽと発生生物学…………111

～ヒトはしっぽを2度失う～

本文図表制作：デザイン・プレイス・デマンド
図表2－2：初
目次・章扉制作：熊谷智子

第1章

「ひと」を知るためのしっぽ学

専門はしっぽ

「ご専門はなんですか?」

これは研究者が最もよく受ける質問の一つだろう。答えは大抵紋切り型で、「○○学」という風になることと思う。だが、もし目の前の研究者が大変真面目な顔をして「しっぽです」と答えたならば――。あなたは一体どう反応するだろうか?

実はこれ、私にとってはちょっと苦手な部類に入る質問なのである。でも、この質問はいわば、お見合いの席で「ご趣味は?」や「どんなお仕事をなさっているのですか?」と聞かれるのと同じような、王道かつ初手の質問だから避けられるわけもない。あなたはどんな人ですか、と聞かれているも同じである。だから、私は迷いなく、誠実にいつもこう答える。

「しっぽです」と。

私がこの質問を苦手だと言うのは、この答えを恥じているからでは決してない。相手がどういう答えを想定しているかが分かり、私の答えがその要件を満たしていないことも分かっているからだ。試してみよう。

「ご専門はなんですか？」

「天文学です」

これだと、詳しい内容は分からずとも、ふむふむ、と多くの人は思うだろう。そして、すんなりと次の質問に移ることができる。この回答が、生物学や物理学、インド哲学、考古学であったとしても、皆さんはきっと、ふむふむなるほど、と思うだろう。

だが、私の専門はあくまで「しっぽ」なのである。だから大抵の大人は、違和感を覚えるらしい。返ってくるリアクションは、こうだ。

「ははは、ご冗談を。それで、先生のご専門は何学なんですか？」

つまり、多くの人にとって専門とは○○学という型にはまるものなのである。だから「専門＝しっぽ」ということは、なかなか呑み込んでもらいづらい。

でも、この考え方がどうにも私にはしっくりこないのだ。

命名：しっぽ学

研究に携わるようになってからずっと、私はこのしっくりこない感を抱えてきたのだが、最近ようやくその原因を少し言語化できるようになってきた。私にとって世に存在するいわゆる○○学というものは、ある種の材料やツールなのである。

たとえば、お腹が空いたから料理をしようとしたとする。カレーでも作ってみることにしよう。さて、美味しいカレーにありつくにはどんなものが必要だろう。まず欠かせないのは材料だ。ジャガイモ、ニンジン、タマネギ、あとなんらかのタンパク質が必要だ。私は手軽に済ませたいのでカレールーも欠かせない。そして、それらを適切な大きさに刻むためのツールとして、包丁やまな板もいるだろう。煮込むためには鍋がいるし、炒めるならヘラか何かもほしい。おたまもあった方がいい。

研究も、これと同じなのである。お腹が空いたから満たしたい。これが研究目的に相当するものであり、動物や植物を対象として行うのならば、それは生物学的な研究材料を用いた生物学的研究である。それらの遺伝子を解析するという研究手法を用いるなら、遺伝学的な研究であるともいえる。このように、私にとって〇〇学というのは、何か知りたいことを知るために使う材料や方法の分類にすぎないのである。

詳しくはこの後に続く章で述べるが、私の場合は、しっぽの謎に迫るために様々な〇〇学的研究対象や研究手法を取り合わせている。だから一概に、〇〇学と区分することができない。また、私がもっぱら扱っている「しっぽ」というものでさえ、もっと大きなものを知るためのツールでもある。

図1-1　しっぽ学のロゴ

そういう意味で広くも狭くも、私が今取り組んでいる研究というのは「しっぽ」という単語の〝しっぽ〟に接尾辞 -logy をつけた「しっぽ学（しっぽろじー）」とでも言う他ないのである（図１-１）。もう少し恰好をつけていうのなら、私のしっぽ学というのは、しっぽという一つの研究対象を様々な角度から見てみることで、その先に、我々がどのように「ひと」となったのかを見出そうという研究なのである。

◎「ひと」を知りたきゃ、まずしっぽを見よ

さてここで、私はこの文面を通して対峙しているあなたに問いたい。あなたのお尻に、しっぽは生えているだろうか？　具体的には背中側、お尻の割れ目に沿って指を下ろしていくと骨の出っ張りを感じるはずだ。そのあたりに、しっぽは生えているだろうか？

断言しよう。おそらくこの本を手に取っているほとんどの方に、しっぽは生えていない。もしも、そのあたりに何か出っ張りがあるという方がいたならば、ぜひこの本のもう少し後ろの方（第4章：129ページ）を読んでもらいたい。あなたの持つ出っ張りの正体が分かると思う。そう、基本的に我々ヒトには、しっぽが生えていない。

しかし一方で、我々人はしっぽのことがどうしても気になってしまうようである。しっぽの生えた人が登場する民話や神話は、日本だけでなく世界中に存在する。今はしっぽが短い生き物たちが、一体どうして長いしっぽを失ってしまったのかを説く昔話にもこと欠かない。

また、しっぽの表現は何も古代に限ったことではない。Googleに「しっぽ」と打ち込めば、動物の画像に交じって、たくさんのコスプレ用品画像が出てくる。漫画やアニメにも目

を向けてほしい。私と同じくらいの30代から40代の人々、とくに男性ならば、一度はかめはめ波を打ってみようと試みたことがあるだろう。あの漫画に登場する主人公のお尻を思い出してほしい。彼は地球人ではないが、ヒト型の生物で、臀部《でんぶ》にしっぽが生えている。そう、このように「しっぽ」というものが気になるのは、何も私に特有の性癖ではなさそうなのだ。

さて、漫画の話をすると止まらなくなる性質なので、詳しい話は後にとっておくとして、本題に戻ろう。もしかしたら、ここまでの私の記述を見て違和感を覚えた方もいらっしゃるのではないだろうか。するりと読んでしまったという方は、ありがとう。私の文章に集中してくださったのだろう。「そう、なんか変だと思っていたよ」と同意されたのなら、あなたは勘がいい。この小節、たった６００字程度の分量の中には、「ヒト」「人」「ひと」と３種類の表記が入り交じっているのだ。

そう思って読み返してみると、なんだか少し気持ち悪いだろうと思う。ただ、「誤植か、光文社の校閲は何をしている」とはどうぞ思わないでほしい。実はこれ、著者の私がわざとやっているのだ。

皆さんのご存じの通り、日本語には漢字に加えて、カタカナとひらがな、２種の仮名がある。日本語学習者にとっては難題の一つかもしれないが、私は日本語のこういう奥深いところが大好きだ。「ヒト」「人」「ひと」、これら全て我々を指す言葉ではあるが、単に表記を変えるだけで、それらが意図するところは少しずつ異なるのである。

まず、カタカナで「ヒト」と書くとき、それは*Homo sapiens*という生物学的な種としての側面を指す。日本の生物学では生物の和名称をカタカナで記するというのが戦後の一般的なルールとなっている。一方、人文学では分野名にも表記されているように漢字の「人」をよく用いる。こちらは、我々の持つ人間らしさや人間性により焦点を絞った表現であろう。加えて、我々には生物としての側面と、人間ならではの側面、その両方が混在している。これを私は総合してひらがなの「ひと」と表現している（図1-2）。

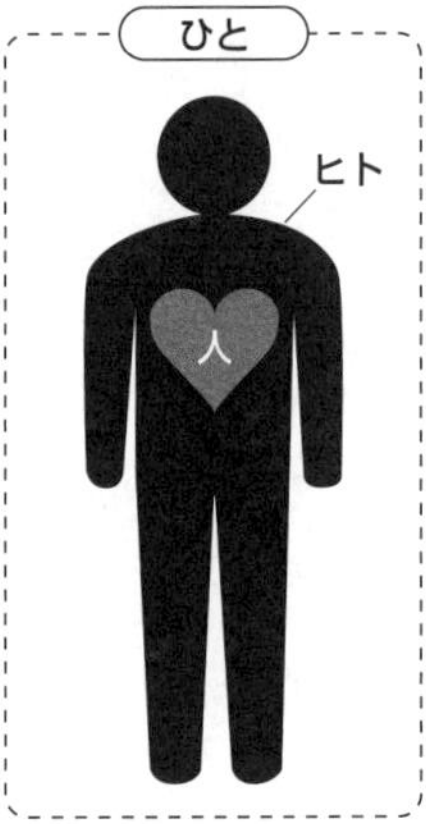

図1-2　ヒト・人・ひとの使い分け

そして、しっぽこそがこの「ひと」の成り立ちを知るための重要な鍵なのだ。

しっぽ博士への道

さて、ここまでで私が単なるしっぽ好きではなく、きちんとわけあってしっぽの研究をしていることはお分かりいただけただろうと思う。この本のタイトルは「しっぽ」ではなく「しっぽ学」である。だからその内容は、単なるしっぽの豆知識総集編ではない。私がしっぽの研究を通じて見てきた世界を皆さんにご紹介したいと思っている。

詳しい内容に入る前に、簡単に自己紹介を済ませておこう。この本はいわば「しっぽ学史」である。私が今の研究内容に辿り着き、それをしっぽ学と名づけるに至るには、思い返せば紆余曲折があったように思う。端的にまとめてしまえば、私はこれまで文学部、理学研究科、医学研究科と毛色の異なる所属を経てきた。今現在私が取り組んでいるしっぽ学は、こうした多様な所属先をさすらい、手に入れてきたツールの集合体で推し進めているともいえる。

ところで皆さんは、研究者というものに対して、どんなイメージがあるだろう？　研究者と一口に言っても、その研究内容によって仕事内容は様々なので一概には言えない。だが、一つのことを極め抜ける人を是とする職人礼賛的な空気感は、私が経験してきた分野全てに多かれ少なかれ共通していたように思う。

研究者の多くは、〇〇学会に所属している。大学によっては、〇〇先生のお弟子さんという呼び方をするところも未だに存在する。〇〇学ならまだ広い方で、たとえば考古学という一つの枠の中でさえ、「石器屋」「古墳屋」といったように自身の専門をさらに囲うような呼称が存在していた。生物学にも、「マクロ」と「ミクロ」という壁があり、それぞれの中にもさらに細分化された枠組みが内包されている。

そういった細かな枠組みの存在に気づいてはいたものの、私自身はそこから飛び出したり越境したりすることに、大して抵抗を覚えなかったように思う。でも、ときどき心ない言葉を浴びせられることもあった。「裏切り者」と言われたこともある。これにはしかし、あまり傷つきはしなかった。自分たちの枠の中にずっといてくれる・いてほしいと思っていたのに、という期待の裏返しだと理解したからである。その言葉を投げてきたのは、私の面倒をとてもよく見てくれた人だったし、言葉の真意を測るのは容易だった。

だが、これまで言われた中で最も納得のいかないのは「半端者」という言葉だ。これは未だに覚えている。しかも当の本人はなんの悪気もなく、ただ当たり前のようにそれを口にしたのだ。私のことを初対面の研究者たちに紹介するときに発したその言葉はこうだ。

「この人も含めて、『いろんなことができます！』っていう人は概してどれもこれもが、中途半端なんですよ。なので〝専門家〟の皆さんのフォローが欠かせないと思うんです」

この発言には明確に、専門家＝一つの狭い分野を極め抜ける研究者、という意図が含まれていた。ただ、一つ、この件をフォローしておきたい。この発話者、実は私の友人である。私の研究を「面白い」と言ってくれる人で、だからこそ他の研究者に紹介をしてくれたのであるが、そこで私はこの発言に出会ってしまったというわけだ。

この会話はもうずいぶんと昔のことなのだが、私は未だにこの友人の発言を忘れることができない。いや、忘れてはいけないと思っている。私はしっぽ学を極め抜くために色々な研究手法を用いるが、それを「半端者」だと、一つの道を極め抜けない人間なのだと判断する人がいるのだという自戒の念も込めて。

昨今の世の中では、「文理融合」や「学際研究」「分野横断的」という言葉がもてはやされていて、それを推し進めようという大人たちがいる。でも、私はそれらの言葉にすら違和感を覚える。

そもそも、何かを明らかにしたいときに一種類の方法や取り組みだけでうまくいく方が珍しいんじゃないの？　というのが私の持論だ。たとえば、富士山という一つの山にはたくさんの登山ルートがあるように、山頂に向かう道は一つであるとは限らない。また、どの登山ルートを選ぶかによって、見えてくる富士山の景色は違うはずだ。そしてそれら景色のどれもが、富士山を構成する要素であることに違いはない。

私は決して、一つの道を極めることが無意味だと言っているわけではない。私自身、しっぽの道を極めようとしているのだから。だが、自分の目的のために様々なツールを使い分けることを半端者だと決めつけるのは、少し違うのではないかと思うのである。

このような心持ちで、しっぽという一つの研究対象を多様な角度から見ているのが、私の進める「しっぽ学」であるので、この先皆さんにはしっぽの様々な見方をご紹介していこうと思う。どうか視野を広く持って、気楽に私の研究生活を覗いてみてもらいたい。

第2章

しっぽと生物学

～しっぽがしっぽたりうる所以～

しっぽって何？

それではいよいよ、めくるめくしっぽの世界へご案内したいと思う。

この章では初めに、実際の（今生きている＋過去に生きていた）生き物のしっぽの話をしたい。きっとこの本で皆さんは、世の人々が用いる一生分以上の回数「しっぽ」という単語を目にすることになるだろう。だがそれに先立ち、まずは私が何をしっぽと呼んでいるのか。これを明確にしておく必要がある。私が思い描いているしっぽ像と皆さんの考えるしっぽに食い違いがあると、のちのち混乱が生じてしまう恐れがあるからだ。

では、本格的にしっぽの話を始める前に、皆さんにはまずしっぽを思い浮かべてもらいたい。さて、皆さんの脳裏には一体どんなしっぽが浮かんでいるだろうか。きっと色々なしっぽを思い浮かべているに違いない。

代表的なのはきっと、我々ヒトとともに暮らすペットたちのしっぽだろう。帰宅したこちらの顔を見上げながら、ちぎれんばかりに振られるイヌのしっぽを見れば、仕事の疲れも吹き飛ぶことだろう。また、通りすがりにこちらの腕や首に絡ませてくるネコのしっぽも大変に魅惑的だ。あるいは動物好きな人なら、動物園にいるような動物たちのしっぽが脳裏に思い浮かぶかもしれない。レッサーパンダのしっぽはしましま模様で、いかにも触り心地がよさそうだ。カンガルーのしっぽは太くてたくましい。バクやサイのしっぽを正確に思い浮かべられる人は、よほどの動物通だろう。

しっぽと言われて今ここに挙げたようなものを思い浮かべた人ならば、皆さんの思っているしっぽと私の思うしっぽは同じ定義である。

だが一方で、愛鳥家の方ならばクジャクやオナガドリの立派な美しい尾羽を思い浮かべるのではないだろうか。それ以外にも、針を持ち上げたサソリや水辺を飛ぶトンボの姿が浮かぶ方もいるだろう。あるいはお腹がぺこぺこでこの本を読んでいるのなら、エビフライの赤いしっぽを真っ先に思い浮かべるかもしれない。ただ、こうした〝しっぽ〟は、私の言うしっぽとは指すものが少し食い違ってしまうのである。

脊椎動物のしっぽ

私がこの本の中でしっぽと呼ぶもの。それは基本的に脊椎動物のしっぽを指している。ではここで、脊椎動物のどういった器官をしっぽと呼ぶのかを明確にしておこう。しっぽがしっぽたるためには、以下の三つの条件を満たしている必要がある。

それは「位置」と「中身」と「かたち」だ。

まず着目すべきは、「しっぽのようなもの」がどこに生えているのかという「位置」である。「お尻に生えていたらいいんでしょ?」という声が聞こえてきそうだが、ことはそう単純ではない。これだと半分正解、でもあと一歩という感じである。

我々脊椎動物の体では、下肢の付け根に肛門あるいは総排泄孔が開口しているのだが、脊椎動物のしっぽというものは全てそうした排泄孔よりも後ろに存在している。だから、臀部より後方に存在することになり、その点は正しい。だが、お尻に生えているだけでしっぽだと断定するのはまだ早い。その突起は、体のちょうど真ん中から生えているかどうか、それも大事な位置の要素である。

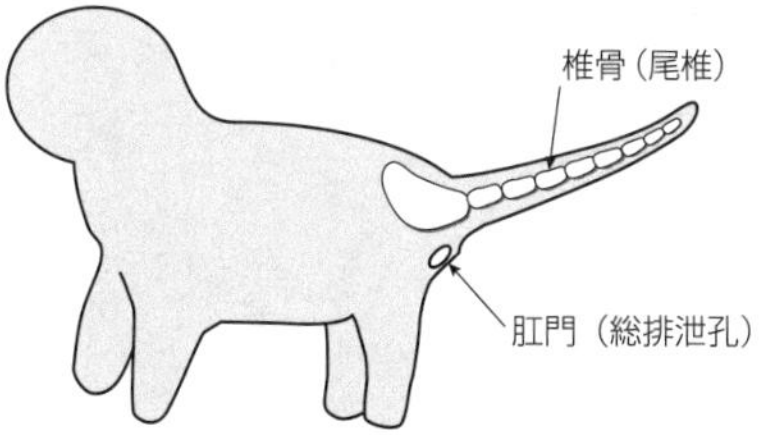

中　身：体幹の延長であること
かたち：体の外に突出
位　置：肛門（総排泄孔）より後ろ

図2-1　しっぽであるために大事なこと

これは、「中身」とも関連するしっぽの二つ目の条件だ。しっぽとは、何も選ばれし特別な器官というわけではない。肛門あるいは総排泄孔よりさらに後方に伸びる体幹、平たくいえば胴体の延長部分なのである。だから一般的にしっぽの中には、胸部や腹部と全く同じように、椎骨《ついこつ》があり筋肉がある。胴体との唯一の違いは、内臓を納める腔所（体腔）を持たないことくらいだ。そのため多くの脊椎動物はしっぽを自在に動かせるのである。

最後の条件が、その「かたち」だ。この章の冒頭で、私は皆さんに「しっぽというものを思い浮かべてみてほしい」と言った。そして、こうも言った。「きっと色々なしっぽを思い浮かべているに違いない」と。そう、しっぽのかたちというものは本当に千差万別で、だからこそしっぽを見ることで研究者は色々なことを知れるのである。それなのに、しっぽの条件に「かたち」があるのは一体どういうことだろう。答えはとてもシンプルで、しっぽと呼ぶためには、それが「体の外に突出していなければならない」のである。イヌもネコもトラもゾウもキリンも、様々なかたちのしっぽが体の外に突出している。

ここまでに話してきたことをまとめると、肛門あるいは総排泄孔より後方に存在すること、内部に体幹と同じように椎骨や筋肉、神経、血管を備えていること、そして体の外に突出していること、それがしっぽたりうるには大事なのである（図2-1：前ページ）。いくらにょろにょろしていても体の前方についていてはしっぽと呼べないし、中身が脂肪しかなければ、それはしっぽではない。また、椎骨が存在していたとしても体の中に埋まっていては、それはしっぽとは呼べない。だから我々ヒトにしっぽはないのである。

◎テールスープがうまいわけ

この間講演をしたときに、面白い質問をいただいた。

「テールスープはなぜ美味しいのですか?」

大人の方からの質問だったのだが、私はテールスープもこういったシンプルな質問も大好物である。テールスープがうまいわけ、そこにはもちろん作り手の愛情も存分に含まれているに違いないが、旨味成分への寄与という観点では、しっぽの中身のおかげである。

最初に皆さんに思い浮かべてもらったしっぽであるが、できれば今度はその動きも脳内で再現してみていただきたい。さて、皆さんの頭の中でしっぽはどんな風に動き回っているだろう。

ピンと立ったしっぽや、くねくね動くしっぽ、ぶるんぶるんと振り回すしっぽ。枝に巻きついたしっぽに、すいすいと水面を動いていくしっぽ。色々な動物が実に多様にしっぽを使うものだから、想像するだけできっと楽しい気分になってくるだろう。その魅力的な動きはいずれも、しっぽの中に骨と筋肉が存在しているおかげでなせる業《わざ》なのである。

ではまず、しっぽの中にどのような骨があるのかについて、ご紹介するとしよう。

しっぽを構成する骨には、ざっくりといえば仙骨と尾椎《びつい》の2種類がある（図2-2）。仙骨というのは複数の仙椎が癒合《ゆごう》して形成されていて、体幹部としっぽをつなぐように位置している。その後ろには、尾椎と呼ばれる椎骨がしっぽの先端まで分布している。尾椎は、し

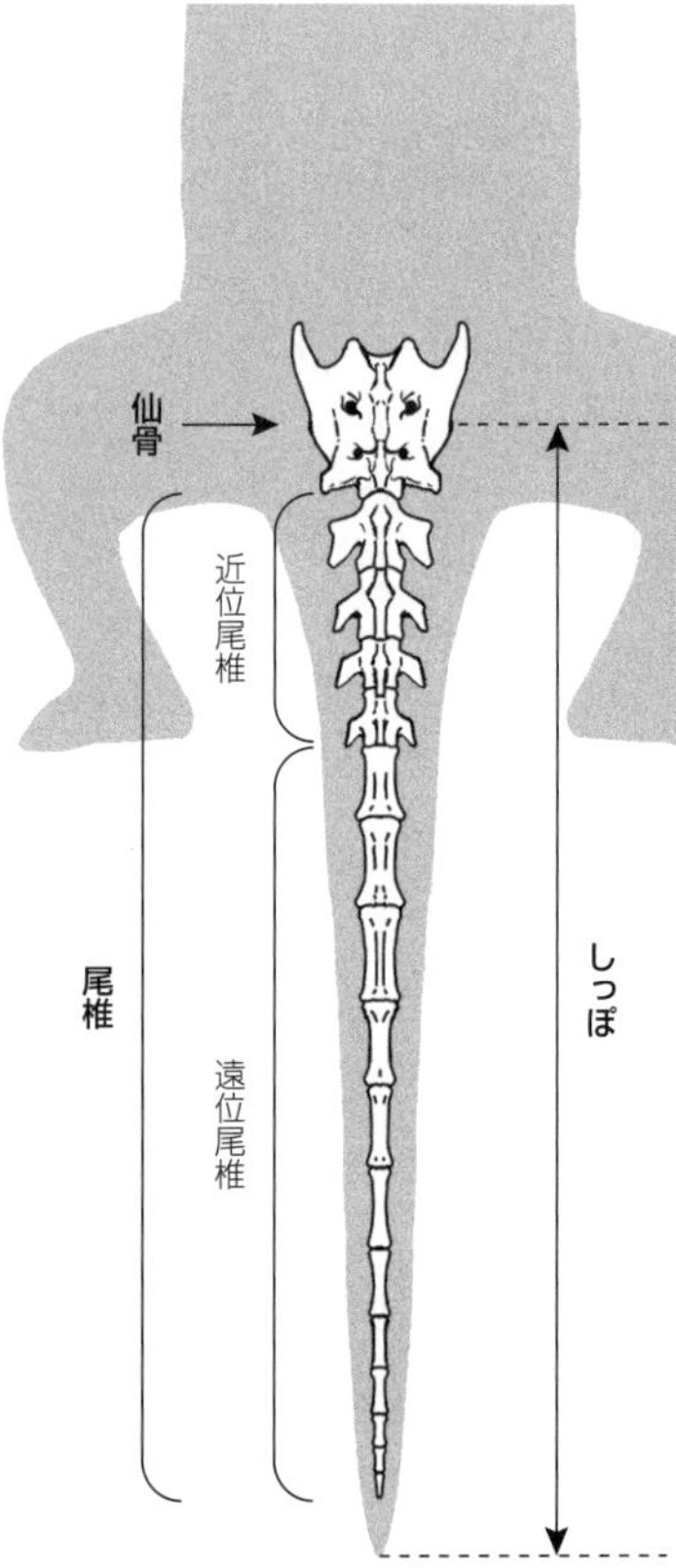

図2-2　しっぽを構成する骨の名称　イラスト：初

っぽの根元に近い近位部分とその先の遠位部分とでかたちが明確に異なる。近位尾椎は、それより前方に存在する腰椎などの椎骨と似たようなかたちをしているが、根元から遠ざかるにつれ、尾椎のかたちはシンプルになっていく。

近位尾椎と遠位尾椎の最も大きな違いは、前後の骨との連結方法だ。近位尾椎は椎体の関節面に加えて、関節突起という骨の突起で前後ががっちりと噛み合うようになっている。要は2種類の関節を持つわけだ。対して遠位尾椎は関節突起を持たず、前後の椎骨とは関節面のみで関節する。関節のがっちり加減が違うということはすなわち、動かすことができる方向や範囲に違いが生じるということになる。しっかり互いに関節する近位尾椎は、尾の根本で体幹と尾をしっかりとつないでいる。対して、自由度の高い遠位尾椎がしっぽの様々な運動を可能にしているのだ。

この近位尾椎と遠位尾椎の境目には、両方の特徴を併せ持つ椎骨が存在しており、そうした椎骨のことを移行椎と呼ぶこともある。あくまで個人的な経験談でしかないが、テールスープの中に入っている骨は、近位尾椎または移行椎のことが多い。

◎もうひとりの立役者・筋肉

続いて、骨と同じく大事な要素である、しっぽの筋肉についても整理してみよう。

生き物の多様な動きを可能にする立役者が筋肉である。骨だけの状態では動き回ることができない。せっかくなので筋肉の大切さを伝えるために少々脱線するとしよう。あれは私がまだ幼かった頃、子どもたちの間でまことしやかに囁《ささや》かれていた噂があった。私が最初にそれを耳にしたのは、小学校の理科準備室に入ったときだ。近くにいる先生に聞こえないように、同級生がひそひそと耳打ちしてきたのだった。

「なあなあ、知ってる？　あれ、夜になったら学校の中、歩き回るんやって」

そう言って彼女が指さした机の上、そこに置かれていたのは古ぼけた人体模型だった。木か何かでできていたように思う。頭髪はびちりと七三分けの男性で、開胸・開腹した状態を模しており、腹腔の臓器が顕になっているタイプのものだった。

「いや！　こっち見てるわ！　呪われる！」

ひいと言って怖気《おじけ》づいた同級生は私の後ろに隠れたのだが、かの模型は一寸も動かずに虚空を眺めていた。

「大丈夫、大丈夫。これ、歩き回らへんし」

私は笑いながら同級生に言った。私は準備室に入る度にその模型で遊んでいるが、別に動いた形跡はない。しかし、いくらそう言っても同級生は頑としてこれは歩き回るのだと聞かない。仕方ないので、私はとっておきの言い分を披露することにした。

「いや、歩き回らんよ。これ脚ないんやから」

その模型は今でいうトルソー型で、四肢は備えていなかった。ついでに、開腹している上、古い模型なので、もし動き回ったら臓器をあちこちに落としてしまう。だから彼はじっとしているんだ、と説いた。怪談話を一つ葬《ほうむ》ってしまった甘酸っぱい記憶である。

と、このように全国の怪談話の中には模型や本物の骨格標本がひとりでに歩き回るというものがある。しかし、それは解剖学的にありえないのだ。骨に付着する筋肉を持たず、ただ骨同士がワイヤーでつながれている彼らは、歩きたくても歩けるわけがないのだ。ひとりで歩かせたいのならせめて、筋肉の代わりになるようなバネか何かを与えてあげなくてはいけない。そうなると、彼らはずいぶんといかつくなってしまうので、夜にそういったものに追いかけられるというのは、怪談というよりはＳＦ的な怖さになってしまうかもしれないが……。

さて、真面目な話に戻ろう。先ほどから何度も述べているように、しっぽには仙骨や尾椎といった骨があり、その骨には運動を可能にするための筋肉である尾筋が付着している。

脊椎動物のしっぽには、主にしっぽの伸展や屈曲といった上下運動に関わる筋肉、あるいは外転をはじめとする左右方向の運動に関わる筋肉などが存在している。背側には伸展に関わる尾伸展筋群や外転に関わる尾外転筋群、腹側には屈曲に関わる尾屈筋群が見られるのが一般的だ。具体的に、どういった種類の筋肉がどういったかたちで存在するかは種によって異なり、これはしっぽの長さや使い方と大きく関係している。

たとえば、哺乳類の多くで見られる尾筋の中に、骨盤に起始し、尾椎に停止する筋群がある。筋肉のつく場所により、腸骨尾筋、恥骨尾筋、坐骨尾筋と基本的には3種類に分けられるのだが、これらはしっぽのある種においてはしっぽを屈曲、腹側へ引っ張る動作に関与する。

しっぽを持たない我々ヒトでは、ほとんどの尾筋は失われているが、この骨盤尾筋群だけはその機能を変えて我々にも存在している。ヒトにおけるこれらは骨盤の出口である骨盤底に存在しており、膀胱や子宮、直腸といった骨盤内臓器が正しく配置されるよう支えている。

テールスープの〝味わい方〟

最後に、テールスープの美味しさに関する豆知識と、私のささやかな楽しみをこっそりお教えしよう。テールスープがうまいわけ。それは先述したように、尾椎や尾筋から旨味が溶け出しているためである。

だが、テールスープの魅力はその美味しさだけではない。骨ごとごろんと煮込まれたテールスープを見ると、私はとびきり嬉しくなる。これは骨を持ち帰るのにいいぞ！　とワクワクが止まらなくなるのだ。カバンの中にビニール袋を常備してあるのは、このときのためであると言っても過言ではない。

骨標本を作るとき、綺麗な標本にしようと思うならば、我々が戦うべきは骨の内部に存在する脂だ。脂抜きがうまくできないと、骨はのちのち黄色くなったり、ベタついたりしてしまう。だから、骨標本作製の際には煮込んだり、化学薬品を使ったりするのだが、すでに旨味が溶け出るほど煮込まれているのなら、適度に脂抜きができている可能性が高い。しかも、

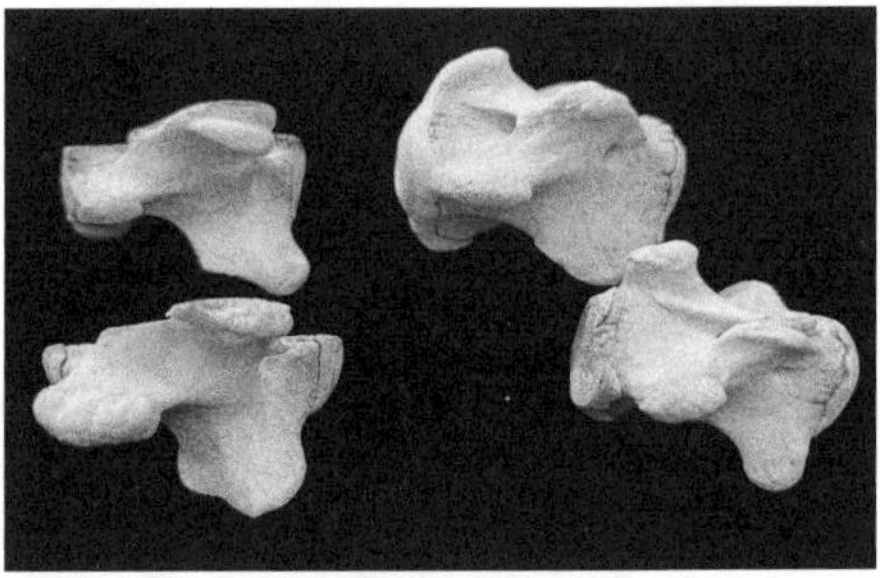

図2-3　テールスープから見つけたウシの尾椎

お肉がほろっと取れる場合は長時間煮込まれているので、頑丈な腱や筋肉も骨からするりと剥がし取ることができる。

　美味しく、しかも綺麗に骨が取れるなんて、最高ではないか。それに、幸運なら無傷の尾椎が手に入ることもある。図2-3は、これまでに私が食べた中で最高だったウシのしっぽの骨だ。近位尾椎と思われる骨は残念ながら切断されてしまっているが、遠位尾椎は完形だ。これだから私はテールスープを避けては通れない。

　ちなみに、ワイン煮込みのテールからもいい骨が取れたことがあったが、ワイン色を取るのに少々手間がかかったことを追記しておく。

◎しっぽの長さの不思議

しっぽはどうやら子どもたちに人気のようで、ときどき質問をもらうことがある。

「どうして人間にはしっぽがないのですか？」

「どうして動物にはしっぽがあるのですか？」

大体いつもこの2種類の質問なのだが、どちらも、多くの動物にはしっぽがある／でもヒトにはない、ということをしっかり認識していることの証拠で、子どもの観察眼はすごいなと毎回感心している。

ヒトになぜしっぽがないのかへの回答に関しては後の章で述べるとして、ここではまず動物にはどうしてしっぽがあるのかについて語ろう。それを答えるためには、脊椎動物におけるしっぽの進化を考える必要がある。

脊椎動物はいつからしっぽを得たのだろうか。はっきりとしたことは分からないが、魚類にもしっぽがあるわけだから、水中で脊椎動物が生まれたときにはすでに持っていたのだろうと考えられる。水中での推進力を得るためには尾鰭《おびれ》を動かす必要がある。そのため肛門より後方にまで体幹が延長したのだろう。脊椎動物の基本的なボディプランとしてしっぽは組み込まれており、それが現在の脊椎動物まで継承されているということころだろう。だから、ほとんどの脊椎動物にはしっぽがある。

だが、その長さは様々だ。

哺乳類では、しっぽの長さと生息地の気候（生息地の緯度）にある程度の関係があることが知られている。この傾向は、発見した研究者の名前から、アレンの法則と呼ばれている。

皆さんはスキー場や冬の山など非常に寒い場所に行ったことがあるだろうか。もし行ったことがある方は、そのときのことを思い出してほしい。きっと指先や鼻、耳たぶなどが真っ先に、しかもキンキンに冷えてくるだろう。これは、そういった体の突出部から熱が逃げていっていることの証である。寒冷な気候で生活する動物では、こうした熱の放散をできるだけ抑えるべく、体の体積に対して表面積が小さくなるように進化したのだろうと、アレン氏は考えたわけである。たとえば、キツネの仲間を例にとってみると、北アフリカの砂漠地帯に棲むフェネックは耳が大きいのに対し、北極地域に棲むホッキョクギツネの耳は丸く小さい。

そして、体の外に出っ張っているという点で、しっぽもこの法則に従っていると言われて

カニクイザル　アカゲザル
タイワンザル　ニホンザル

図2-4　マカク属の様々なサルたち

おり、我々に馴染み深いニホンザルがその好例だとされている。ニホンザルはヒト以外の霊長類の中では、世界で最も北に生息しており、青森県下北半島に棲むニホンザルは「北限のサル」として国の天然記念物に指定されている。彼らには我々ヒトの親指程度の長さのしっぽしかないが、その短いしっぽは寒い気候への適応だろうと言われている。

　ただ、そう簡単に全て説明できないのが、しっぽのミステリアスなところだ。この写真を見てみてほしい（図2-4）。サルを見慣れない方には、全部同じサルに見えるのではないだろうか。顔だけで見分けるのは困難かもしれないほど全体的な外観は似通っているサルたちであるが、しっぽの長さはずいぶんと異なる。

図2-4に示しているのは、いずれもマカク属と呼ばれるグループに含まれる霊長類である。左上から順に紹介していくとそれぞれ、カニクイザル、アカゲザル、タイワンザル、ニホンザルというサルたちである。彼らは東南アジアから東アジアにかけて棲んでおり、左上に行くほど緯度が低く（暖かく）、右下に行くほど高緯度（寒い）地域に生息している。

ニホンザルのしっぽは短く北限に生息することは先に述べたので、右下のサルがニホンザルであることは推測できると思う。そして、この4種の中で最もしっぽが長いのも左上のカニクイザルである。カニクイザルより高緯度、ニホンザルより低緯度地域に生息するアカゲザルのしっぽは、長くもなく短くもなく中くらいだ。ここまでは先ほどのアレンの法則に順当に従っているように見える。

だが面白いのは、その名の通り台湾に棲んでいるタイワンザルだ。

順当にいけば、このサルのしっぽの長さはニホンザルより長く、アカゲザルより短いとなりそうなものだが、タイワンザルのしっぽはアカゲザルより長い。生息している台湾の緯度から考えれば、もう少し短くてもよさそうなものなのだが、長い。そしてその理由は解明されていない。このように、しっぽの長さも大枠はアレンの法則に沿っているように見えるのだが、例外も存在しており、一筋縄ではいかないのである。

◎サルを知るにも、まずしっぽを見よ

自分の国にサルがいる我々は、どうもこの手の顔を見ると「ニホンザルだ」と思ってしまう傾向があるようだ。実際私は、動物園でこれらサルの見間違え事件に何度も遭遇したことがある。

私がまだ院生だった頃、海外からお越しになった研究者を連れて京都市動物園に行ったことがある。その日は日曜日で多くの子ども連れが園内にあふれていた。お連れした研究者の方が色々な動物を見てとても興奮していらしたので、私も一緒になって楽しんでいた。仕事スイッチは完全にオフ。モルモットと触れ合ったり、キリンを見たりと、頭の中はすっかり桃色・非現実モードに浸っていた。だが、サルの展示コーナーに差し掛かったときに事態は一変してしまったのである。耳に入ってきたのは、ある親子の会話。

「わあ、〇〇ちゃん見てごらん。おサルさんがいるよ」

「ほんとだ。あれなんておサルさん？」

「あれはね、ニホンザルだよ。お山にいるんだよ」

ちょっと待て。思わずぐるりと振り向く。違う。そこにいるのは、アカゲザルだ。ニホンザルではない。ニホンザルは日本の固有種だ。間違って覚えてほしくない。子どもの記憶力というのは、意外とすごいのだ。しかも子どもはしっぽをよく見ている。大人はともかく子どもの方へはなんらかのかたちで訂正を入れたい。

一番シンプルなのは、「もしもしすみません。今のお話を偶然耳にしてしまったのですが、あれはニホンザルではありません。アカゲザルですよ。しっぽをご覧なさい」と私が直接伝える方法だ。だが、これでは単なる不審者案件となってしまう。そうだ、どこかに解説パネルがあったはず。そこを通りかかったら「あ、ニホンザルじゃないんだって。このおサルさんはアカゲザルっていうんだって」という流れになるかもしれない。

しかし解説パネルは無情にも、親子からずいぶん離れたところにあった。これでは解説パネルと出会う前に、親子は別の動物のところに行ってしまうかもしれない。数秒悩んで私は、同行者の中にいた小学生の女の子（確か京都大学関係者のどなたかのお子さんだったように思う）の手を取って、親子のそばへとなるべく自然に歩いて近づいた。もうこれしかない。

「わ！　おサルさんいるなあ。アカゲザルやって！」

少し大きめの声で連行した女の子に話しかける私。そう、こちらの会話を無理矢理耳に入れてしまおうという作戦である。

図2-5　京都市動物園のアカゲザル　写真提供：京都市動物園

「ほら、しっぽ見てみ！　ちょっと長いね。ニホンザルはこのくらいやけど。あのおサルさんちょっと長いなあ」

渾身の演技を披露しつつ、私は女の子の肩越しに先ほどの親子の様子をチェックした。子どもが「しっぽ」と言いながら、サルをまじまじと観察し始めた。親もそれにつられていた。ミッションコンプリートである。連行した女の子も、あれはアカゲザルだと認識してくれた。一石二鳥である。私が少し恥ずかしいだけだ。おまけに脳内の仕事スイッチがすっかりオンになり、なんの動物を目にしてもついお尻の方ばかり見るようになってしまったわけだが、それはそれで、まぁよしとした。

今ならもう少しうまい声の掛け方もあったと思うのだが、当時の私にはあれが精一杯だった。動物園で動物のお尻の方ばかり食い入るように見ていたり、同行者に突然しっぽの話を始める人間がいたら、それはきっと私である。皆さんも「なんのサルだろう」あるいは「これニホンザルかな」と思った際にはぜひしっぽをよく見てもらいたい（図2‐5：前ページ）。

しっぽ研究のはじまり

研究の話をしていると、「なぜしっぽの研究をしようと思ったんですか？」とよく聞かれる。

私がしっぽと出会ったのは、大学院に入ってすぐのこと。忘れもしない2009年の夏だった。眼下に茫々《ぼうぼう》としたサバンナの広がる東アフリカの国ケニアで、私はぼんやりと遠景を眺めていた。腰掛けていたのは大地溝帯と呼ばれる大陸の裂け目の縁《ふち》。壮大な景色とは裏腹に、私の心は沈んでいた。頭の中は「何を研究したらいいんだろう」という一念でいっぱいだった。

文学部に在籍していた私が人類学という研究分野を知ったのは、大学の教養科目として何気なく受けた授業がきっかけだった。その講義スライドの中で目にしたアフリカでの発掘調査の様子に、私は心を奪われた。海外での発掘調査に参加してみたい。きっかけはこの程度の小さなものだったように思う。だがその後、専攻を選び、卒業研究へと進んでいくその道すがらで、私はより強く人類学への道を意識するようになった。その気持ちを刺激したのは、いわゆる文理の壁である。「文」と「理」というこの不明瞭で不自由な境界こそが、私に越境の覚悟をくれた。

大学3回生以降の私は、骨というものに魅了されていた。考古学に触れてみたくて文学部に入った私は、あまり迷うこともなく考古学を専攻していた。土器や石器などにも触れる機会は多くあったが、当時の自分が最もワクワクしたのが骨だったのだ。小さい頃から恐竜の化石が好きだったことも、きっと影響したのだろうと思う。

当時の私が取り組んでいたのは、奈良県にある弥生時代の遺跡から出土した動物の遺存体、つまり骨を見ることで、とにかく毎日資料館に通って骨と向き合っていた。骨との触れ合いの中で、私は不思議な壁に気づいていた。それは、同じ骨でも動物骨を扱う動物考古学はいわゆる文系の括《くく》りなのに、人骨を扱うとなると理系の人類学の分野になってしまうということだ。それ以外にも、骨になった動物たちの生態や行動を知りたいとき、たとえばネズミやカエル、鳥類の骨から周辺の環境について考えてみたいと思ったとしても、それに必要な動物の生態・行動の知識は理学部でしか教えてもらえない。文学部の授業からは学名の正しい書き方一つ分からなかった。

なんて意味のない括りなんだろう、と思ったのを覚えている。でも逆に、私は燃えた。このくらいの壁なら乗り越えられる。やってやろう。人骨や動物の知識を備えた研究者になって、この世界にいつか帰ってこよう。大学院の試験でも、私はそのようなことを述べて、晴れて京都大学大学院・理学研究科の院生になったのだった。

出会いは突然に

だがしかし、である。ことはそう単純に運ばなかった。大学院に入り、それまでよりたくさんの論文を読むようになって初めて私は気づいた。気づいてしまったのだった。「なんか、思ってたのと違う」と。

先行研究の多くは、読めばワクワクした。でも論文がすでにあるということは、誰かがすでに着手しているということだ。知識はどんどん蓄えられていく。それにつれて、「この中に自分が入っていく余地はどこにあるのだろう」とも思えてきた。

ときに白紙だと思える領域を見つけたような気になったこともあったが、そこはあくまで重箱の隅のように思えて、この先の自分が人生を賭けて取り組むべきものか、この先もワクワクし続けられるのかと自問すると、それ以上進む気になれなかったのだった。今思うと当時の私は、「自分がまだ知らないこと」と「自分が研究としてやりたいこと」の区別が、できていなかったのである。

何を研究したいのか。決まらないまま月日は流れ、あっという間に最初の夏休みになった。発掘調査に参加してみるか、と言われてやってきた憧れのケニアだったが、ケニアに来たからといって、研究テーマがすぐに決まるわけもなかった。

むしろ最初の1ヶ月ほどは、生まれて初めてのテント暮らしや馴染みのない土地、スワヒリ語や現地語での意思疎通など、発掘調査中の生活というものになれるのに精一杯だった。しかも現地に到着してすぐ、指導教員たちは学会があるからと発掘調査地を離れてしまったのだから、たまらない。その間に訪ねてきた他大学の調査隊への対応や、給与を前払いしてほしいというワーカーたちへの日々の対応で、目まぐるしく時間が過ぎてしまっていた。

だが、研究を諦めていたわけではなかった。出国前に私は、思いつく限りの論文を印刷して現場に持っていっていた。電気、水道、ガスはない、当然Ｗｉ‐Ｆｉもない環境だったので、雑念が入らなければ論文を読むのもはかどるかもしれない。このときにはもう、人類学・考古学といった枠にこだわらない方がいいのだろうという方向へ考えがシフトしており、手や足の進化、歯のかたち、歯の表面についた微細な傷で食べ物を推測する方法など、自分が面白そうだと思ったものを無秩序に片っぱしから読んでいった。あとから思えばそれがよかったのかもしれない。その中に、しっぽの論文があった。いつそれを読んだのか、それは覚えていない。だが、読んだのは確かだった。

大地溝帯は大地の裂け目とはいえど、総延長は７０００㎞、落差は１００ｍ以上にもわたり、あまりに壮大だ（図２‐６）。だからその縁に座ったところで、あまり実感はない。ただただ見渡す限り荒涼な景色が広がっていて、ときどき風が吹いていた。その年は久々に緑が多いということだったが、川は干上がっているし、生えている草木は乾燥地特有の棘《とげ》に覆われている。人類誕生の地、アフリカ大陸。まさか自分がここに立つ日が来るとは思っても

図2-6　大地溝帯の上から谷を望む

いなかった。だからこそ、ここに来れば何かが変わるような気がしていた。それなのに――。

「今日も何も思いつかなかったな」

発掘現場はそろそろ撤収の時間だった。日が暮れる前に荷物を全て引き上げて、調査地点からキャンプ地へと戻らなくてはいけない。何が起きなくても、日常は繰り返される。よっこらしょ、と重い腰を上げたそのときのことだった。

「……そうだ。しっぽをやったらどうだろう？」

ふと、本当にふと、そんな考えが脳裏に閃《ひらめ》いたのだった。たくさん目をつけていた中の何が、それを閃かせたのか分からない。ただ、立ち上がったその瞬間に、なぜか頭にビビッときたのだった。

同時に、これは間違いない、という確信めいたものも感じた。非科学的かもしれない。だが、運命だ、と心の底から思った。そんな私が今、こうして「しっぽ学」なる本を書いているのだから、これは運命に相違ないと私は今でも信じている。なんでもそうだが、必死に手に入れようともがいているときほど目的のものは手に入らなくて、ふと気を抜いた拍子にぽとりと手中に収まっていることがある。なんとも不思議なものである。

ケニアでの調査風景

さて、光文社新書、しかも比較的若い研究者が書いたこの本を手に取る皆さんは、きっとアフリカでの調査の話がお好きなことだろう。私と同じ白眉センターにかつて在籍したバッタ研究者の本を読まれた方もいらっしゃるに違いない。そう、バッタのコスプレをした男性が表紙カバーになっている、あれだ。最近どうやら続編も出たらしい。

彼の本をまだ読破しておられない方のために、ネタバレにならない程度に内容をかいつまんで説明すると、バッタ博士のご著書には、ひとりの男性研究者がアフリカ大陸にある一国・モーリタニアに滞在し、バッタやその他の虫と触れ合う研究生活が綴られている。一般的にはなかなか旅する機会もないであろうアフリカ大陸での珍道中や生活が軽快な筆致で語られていて、大変魅力的な内容である。

そして最初に拝読したとき、同じアフリカ大陸であっても、彼が愛するモーリタニアと私が調査に訪れたケニアとでは、ずいぶん様子が違うものだなとも感じた。そこで、せっかくだから少しだけ、バッタ博士が築いてくださったアフリカ人気にあやかりつつも、そちらで語られたのとは一味違うアフリカ・ケニアでの一コマをお話ししようと思う。

人類誕生の地としても知られるアフリカ大陸だが、有名な化石の出土地点というのは実はアフリカの東側に集中している。これは、アフリカ大陸の裂け目である大地溝帯が東側に存在していることに起因している。非常に端的にいうならば、ケーキの断面を見ればスポンジとスポンジの間にどんな具が挟まっているか見つけやすいのと同じで、地層が露出していれば化石はその分見つかりやすいのだ。だから、人類学関連の研究者が訪れるアフリカの地域は、大体タンザニアやエチオピアといった東アフリカの国々であることが多い。

私が訪れたケニアもそんな東アフリカの一国である。首都ナイロビはアフリカでも有数の大都市であり、かつてイギリスによる植民地支配を受けていたことから英語が通じる。また、当時私が所属していた研究室が長年にわたって調査を行っていた影響もあり、すでにナイロビの滞在拠点などは整っていた。

10年ぶりの海外、初めての飛行機の乗り継ぎ、そして初めてのアフリカと、実際にその地に降り立つまではドキドキが治まらなかったケニア渡航であったが、ナイロビに到着して私はどこか安堵していたのだった。言葉も通じるし、スーパーに行けば大体のものも揃う。しかもナイロビは赤道に近い割に標高が高く、朝は少し肌寒いくらいで決して暑くなかった。

なんだ、案外楽勝ではないか。このときの私はほっとしていた。気候は快適、住むにも便利。過ごしやすい上に、何度もこの国への渡航を重ねている指導教員も一緒で心強い。きっとあっという間に2ヶ月強の調査期間は過ぎていくに違いない。順調なすべり出しだ、と思っていた。

だが、人生そんなにうまくいくはずはないのである。

あとはよろしく

ナイロビに到着して2、3日の間に、調査隊は物資の調達を行った。八百屋さんから大量のトマトやタマネギ、ニンニク、オレンジなどの野菜を仕入れたほか、ビール、炭酸飲料、缶詰といった保存のきく食材の購入も欠かせない。また、2ヶ月にわたる発掘調査に同行してもらうスタッフの選定なども、指導教員らがこの期間に行っていたようだった。2ヶ月の調査に必要なあらゆる準備を慌ただしく済ませると、大量の荷物と人間を満載したジープで、我々はそそくさと調査地へ出発した。車窓越しに、どんどん大都会ナイロビの景色が遠ざかっていく。いよいよ冒険の始まりだ。私は胸を高鳴らせていた。

2、3時間走ると、小さな町をいくつか過ぎ、赤道の上を越えた。赤道だ！　地理や歴史の教科書で幾度も目にした赤道。感慨も最高潮になったところで、雲行きががらりと変わった。がたん、ぐらん、とこれまでにないほど大きく車体がゆらぐ。なんだ?!　状況をあまり理解できないまま、体は車ごとさらにぐらりぐらりと揺れ続ける。どうしたのですか、と運転している先生に問うと、

「もう道がないんだよ」

と、先生はこともなげに言うのだった。道がない。確かに、眼前に広がるのはもうアスファルトの灰色ではなく、茶色い地面だった。こぼさずに水を飲むのが難しいほど、絶えず車は揺れている（図2‐7）。

「轍《わだち》が残っていれば、たぶん今日中には着くだろう」

またこともなげに、先生は言った。その後、おんぼろのジープは突然のエンジン停止などを度々起こしつつも、夜には確かにキャンプ地に到着した。降りたときには足腰がもうヨボヨボになっていて、右も左も分からない場所に人生初のテントを張った。

図2‐7　大地溝帯の底の景色

その翌日、どこに着いたのかもよく分からない私は、先生や現地スタッフの後について、よく分からない藪《やぶ》の中を1時間以上も歩いた。少し高い丘の上が調査地なのだと聞かされ、現地のスタッフが何やら作業を始めた様子を日がな一日眺めていた。ここはどこで、何をしているものか。初日は全く分からないまま、皆の後ろにただついて歩き、またキャンプ地へと戻ってきたのだった。順応するのに少しかかりそうだ。そう思った矢先、先生がふと口を開いた。

「じゃあ、僕たちは明日からタンザニアに行ってくるから、あとはよろしく」

何を言っているのだろう。私は思った。本当に、何を言っているのか意味が分からなかった。だが、それを気にする様子もなく、先生は自分の不在中に日本の他大学の調査隊が来ること、現地ワーカーの給与管理をしてほしいことなどを言い残し、本当に翌日からいなくなってしまったのだった。これを読んでいる皆さんは、一体どうなっているんだと思われることだろう。私もそう思う。だがこれが、事実、大学院1年目の夏に私の身に起きたことなのだ。そうして、私は嫌と言うほど知ることになる。順調なすべり出しだなどと思った自分の愚かさを。

まず、ケニア人スタッフに言葉が通じないのである。ナイロビから同行してもらったケニア人スタッフのうち、2人には英語が通じる。だがそれ以外の10人近い人々とコミュニケーションを取るには、もう一つの公用語であるスワヒリ語が必要だった。

ケニア人スタッフに教わって初めて知ったのだが、ケニアの中には40以上の民族がいるという。そして、それぞれの民族が独自の言語を持ち、文化や慣習も異なるのだということだった。ナイロビで働く人々は英語やスワヒリ語を話すが、一歩都市圏を出ると人々は民族独自の言葉以外には馴染みがないという。調査地には、ナイロビからのスタッフ以外に、現地で雇用したポコットという民族のスタッフもいたのだが、例に漏れず、彼らにも英語やスワヒリ語は通用しなかった。これは大変である。そのため私の発掘調査は、スワヒリ語とポコット語を並行して覚えることから始めねばならなかった。

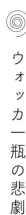

ウォッカ一瓶の悲劇

調査地での日々の食事は、ヤギである。周辺に住むポコットの方から2日に一度ヤギを1頭買い、雇用しているポコット人スタッフが解体してくれていた。キャンプにはひとり、調理担当のスタッフがいて、そうしたヤギ肉を塩焼きやシチューにしてくれる（図2-8）。新鮮なヤギ肉はヒツジよりもクセがなくて食べやすい。つけ合わせに、申し訳程度のトマトやタマネギがある。そんな食事に、一日1本だけ200㎖缶のビールか炭酸飲料が許される。貴重な生野菜はどんどん減っていく。されど、まだ指導教員は帰ってこず、代わりに他大学

図2-8　ヤギ肉が食卓に並ぶまで

の調査隊がやってきた。

他大学の調査隊はふらりとやってきて、3日ほど滞在していった。隊の代表は非常に陽気な先生で、久しぶりに日本語の通じる相手でもあり、私はその3日を非常に楽しむことができた。

ただ、一つ問題だったことがある。その陽気な先生は、お酒がお好きだったのである。到着初日、彼は嬉しそうにビールを3本も召し上がった。我々は、ケニア人のスタッフたちとともに食卓を囲む。皆の視線が彼の卓上の空き缶にずっと注がれていたのは言うまでもない。大学院の1年生が他大学の教授に、しかも楽しげにされている先生に言うのは気が引けたが、キャンプを預かる者として私は覚悟を決めて伝えた。

「先生、大変申し上げにくいのですが、このキャンプではみんなビールは一日1本でというルールなんです。なので、明日以降どうかビールは1本までにしていただきたいんです」

その申し出を、陽気な先生は快く受け入れてくださった。しかし、こうも言ったのだった。

「ビールについての規則は分かった。でも、他のお酒はないのだろうか?」

……仕方がない。私は指導教員が持ってきていた3本のウォッカのうち、1本を先生に渡した。こちらで勘弁してほしい。その言葉に、先生の頬もほころんだ。

私は、心の中でほっと一息ついた。これで十分だろう。皆の前で毎日200㎖缶のビールを3本飲まれるよりは、ウォッカが密かに少し減る方がマシだろうと思った。ウォッカなら透明だから、水だか酒だか分かりにくい。さらに、度数の高い酒である分、減りは少ないだろうと予測したわけである。だが、私の予想は無惨にも外れた。陽気な先生は滞在期間3日間のうちに渡したウォッカを1本綺麗に飲み切り、上機嫌でナイロビへと帰っていったのだった。私は少々驚きながらも、彼らにナイロビでの追加の野菜購入などを依頼し、無事の帰還を願って見送った。

数日後、やっと指導教員が追加の野菜を車に積んで夜にキャンプへと帰ってきた。その間も私は、毎日現場へと行き、ケニア人スタッフたちと調査を進めていた（図2 - 9）。スワヒリ語はずいぶんと使えるようになったし、ポコット語も単語ならなんとか分かる。給与の前借りをしたいというスタッフへも幾度も対応を重ねた。初めてにしては、うまくやったに違いない。きっと褒めてもらえるだろう。そう思って駆け寄る私に一瞥《いちべつ》もくれず、指導教員はぶすっとした表情で物資テントへと入っていった。そして、しばらくするとさらに険しくなった表情でこちらへとやってきた。

「君は一体、何をやっていたんですか！」

予想だにしない一言に、私は言葉を失った。意味が分からない。私を叱っている？　なぜ？　理解が追いつかないので、私はとにかくここ数週間の進歩を説明しようとした。だが、彼はそうしたことには興味がないようだった。何をそんなに怒っているのか。そう問う私に、彼は物資テントの片隅を指さす。そこには、他大学のあの陽気な先生が飲み切ってしまったウォッカの瓶がひっそり置かれていた。

図2-9　発掘調査の様子

「3本しかなかったのに！　なんであの人に全部飲ませたんだ！」

普段は一日で数単語ほどしか話さないくせに、その日に限って指導教員はめったやたらに捲《まく》し立てた。そう、もうお分かりだと思うが、この指導教員も酒がガソリンというタイプの人間なのである。ウォッカは消毒にも使える万能なものなのに、短期間しか滞在しない人間に飲ませた私は非常識だの、飲酒を止められなかった私はキャンプ管理者として失格だの、挙句に彼らがナイロビで購入しておいてくれた野菜の代金が予想より高かっただの、私にはどうしようもないことまで私の責任だと言ってのけたのだった。ちなみに、その後のキャンプ生活でウォッカが飲用以外に活用されなかったのは言うまでもない。酒の恨みの面倒さを、私はこのとき痛感した。きっと言った本人はもう覚えてもいないだろう。だが、言われた方はたまったものではない。

こうした経験から私は、海外ではめったなことがない限り、飲酒をしないようにしている。酒は飲んでも飲まれるな、とはよく言ったものである。

第3章

しっぽと人類学

～「ヒト」へと至る進化の道のり～

しっぽがないのは誰だ！

この章では、我々がヒトへと至った道のりを進化の観点からお話ししよう。ヒトの進化について生物学的に考える研究分野のことは、一般的に自然人類学または形質人類学と呼ばれる。私は最初、霊長類の骨や筋肉のかたちを見るということを通してしっぽのことを考えていたので、これまでの括りに当てはめるなら、以下に述べていく私の研究アプローチは霊長類学とも人類学とも、あるいは形態学や解剖学ともいえるような内容の話になる。

霊長類といえば、皆さんの頭の中にはきっと「猿」という単語が浮かぶだろう。では、「猿」は英語でなんというかご存じだろうか？ 書いている今も、ページの向こうから皆さんの「ふん、バカにするな。モンキーだろ」という声が聞こえてきそうである。

少し質問を変えよう。では、モンキーってどんな生き物だろうか？ たとえばでいい。思い浮かべてほしい。ニホンザルは、きっとモンキーだろう。では、ゴリラはどうだろうか？ モンキーだろうか？

どうか誤解をしないでほしい。私は何も、紙面を埋めるために単なる言葉遊びをしている

図3-1　しっぽがないのはだ〜れだ？

わけではない。実はこの「モンキーかどうか問題」は、しっぽを考える上で重要なことなのだ。その大事さを手っ取り早く伝えるために、一つクイズをしようではないか。その名も、クイズ・しっぽがないのはだ〜れだ？　である。

ここに5種類の霊長類の写真を並べてみた（図3－1）。これらの写真のどこかに、しっぽある／なしの境界線を引くことができるのだが、さあ、それは一体どこだろう？　勢いよく次のページを開く前に、よくよく考えてみてほしい。

図3-2　しっぽクイズの答え合わせ

ちなみに、ここに並んだ霊長類は左上から順に、アフリカ大陸に生息するミドリザル、猿回しで活躍中のニホンザル、大きな歌声が特徴的なシロテテナガザル、東山動植物園の人気者ニシローランドゴリラ、そしてしっぽの研究をしているヒトである。

さて、気になる正解はというと、なんとニホンザルとテナガザルの間なのである（図3-2）。この線を境に左側はしっぽのある霊長類たちで、右側はしっぽのない霊長類ということになる。

そして、左側のグループを英語

では一般名称として monkey（モンキー）、右側のグループのことを ape（エイプ）という。エイプは日本語だと類人猿という言葉に対応するのだが、「猿」という言葉の指す範囲が非常に広いために、類人猿もサル（モンキー）だと思われてしまう節がある。だが生物学的には、しっぽのある／なしで明瞭に分けることのできるグループなのだ。

モンキーとエイプの違いをよりはっきりと覚えてもらうために、一つ映画の話をしよう。皆さんは『猿の惑星』という映画をご存じだろうか。1960年代に公開されたSF映画である。ネタバレにならぬ程度にそのストーリーをかいつまむと、ある一隻の宇宙船が惑星に不時着するところからこの映画は始まる。不憫《ふびん》な宇宙飛行士たちはその惑星に棲む生物たちに追い回されるのだが、彼らはチンパンジーやオランウータンなのである。

映画好きの方なら、きっと私が何を言わんとしているのか、お気づきかもしれない。この映画の英語タイトルは『Planet of the Apes』。そう、エイプなのだ。モンキーではない。チンパンジーやオランウータンは、しっぽのない類人猿・エイプなのだ。これがもし「Planet of the Monkeys」というタイトルの映画だったら、不時着した場所はきっと高崎山あたりだったに違いないのである（図3‐3）。

図3-3　一単語でこうも変わる　左写真：Everett Collection/アフロ

ヒト上科の体の特徴

類人猿は生物学的に、ヒト上科と呼ばれるグループである。現生のヒト上科には、我々ヒトの他に、先ほど述べたチンパンジーやオランウータン、ゴリラ、ボノボ、テナガザルが含まれている。

そしてヒト上科の体には、いくつか共通して見られる特徴がある。せっかくだからその一つを体感していただこう。では一度、この本を置いて腕を真上に伸ばしてみてほしい。長時間の読書はよくない。適度なストレッチが必要だ。さあいい感じに腕は伸びただろうか。何気なくできてしまうその動きこそ、実は皆さんもヒト上科であることの証なのだ。

ほんまかいな、と思う方もいるだろう。そんな方にはぜひ、この写真をご覧いただきたい（図3-4）。これは私が某温泉地で偶然撮影した猿回しの一幕である。コンビであるヒトとニホンザルは一見同じように挙手の動作をしている。だが、肩関節から真上に腕を伸ばしているヒトに対し、ニホンザルは肘から先しか挙上できていない。これは2種の形態学的な違いに起因する動きの差なのである。

まず馴染みの深い我々の体から考えてみよう。我々ヒト上科では肩関節を構成する骨の一つである肩甲骨が背中側に存在している。だが、その他多くの動物を見てみると、肩甲骨は体幹の側面に存在している。イヌやネコで考えると分かりやすいだろう。歩いているときの上肢をよく見ると、肩甲骨の位置が分かる。

図3-4　とある猿回しの一幕　写真は神戸モンキーズ劇場の「クレヨン」コンビ。

肩甲骨の位置と密接に関係するのが胸郭のかたちである。胸郭というのは、肋骨と胸骨、胸椎で形成されたカゴのような構造のことで、その内部の空間を胸腔と呼ぶ。胸腔には肺や心臓、大動脈、大静脈、食道、胸腺など生命維持に欠かせない重要な臓器が存在しており、胸郭はこれらを守るのに一役買っている。

さて、その胸郭だが、ヒト上科では前後に

扁平な幅広型であるのに対して、その他の動物では前後方向と比べて左右の幅が狭いかたちをしている。肩甲骨は扁平なかたちの骨であるので、ヒト上科では幅の広い胸郭の背中側に、その他の動物では胸郭の側面に位置することとなった。つまりヒト上科では、腕を真上に伸ばしてぶら下がるという運動に適応したことにより、前後方向に扁平な胸郭と背中側に位置する肩甲骨という形態が獲得されたと考えられているわけである。

その他にもヒト上科には、大臼歯《だいきゅうし》のかたちなど様々な形態の共通性が見られるのだが、ヒト上科とは何かという最も古典的な形態的定義の一つが、しっぽがない、ということなのである。大事なことなので2回言おう。ヒト上科（類人猿）にはおしなべてしっぽがないのである。

◎いつ、しっぽを失くした？

では、いつから我々ヒト上科にはしっぽがないのだろうか。

そのヒントを知るべく化石記録を紐解こう。ヒトへと至る進化の道のりをきわめて大雑把

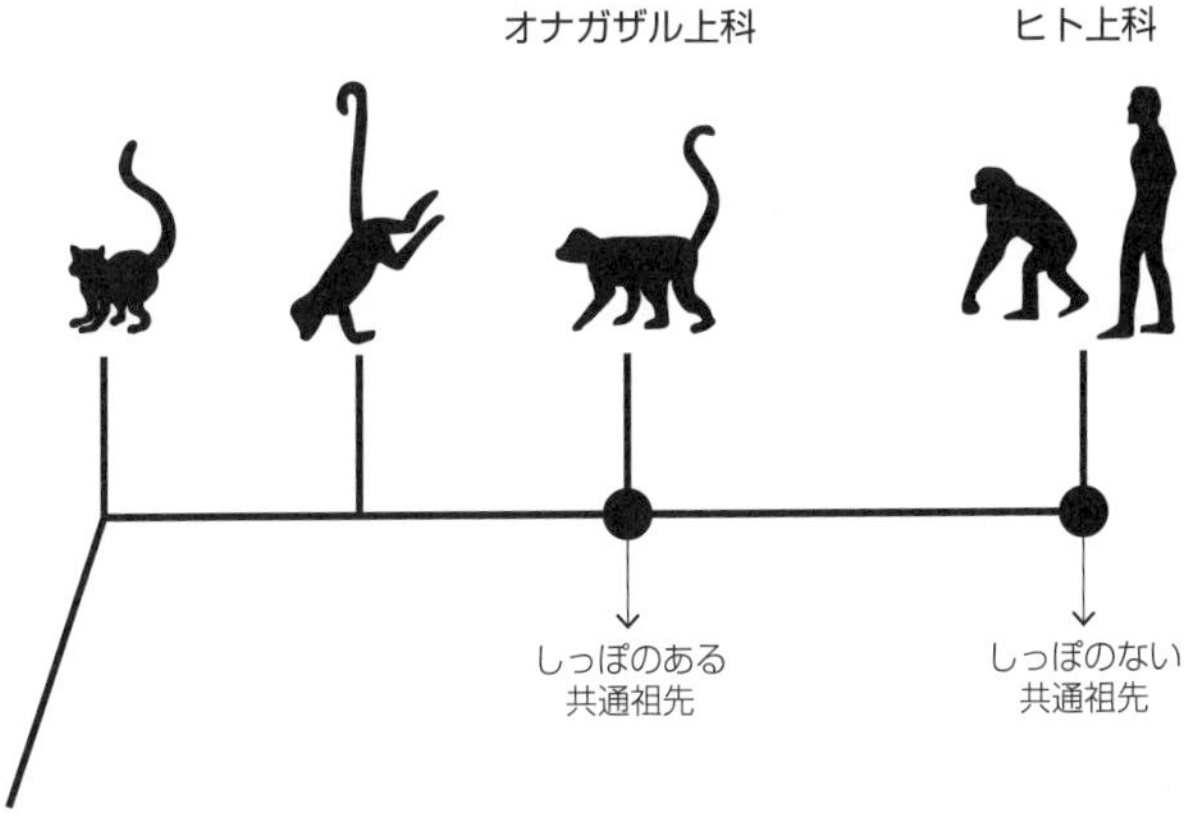

図3-5　霊長類の進化系統樹

に描いてみると、図3-5のような感じになる。まるで大きな木から色々な枝がにょきにょきと伸びていくように、様々な枝が現れ、途中で途絶える枝もある。少し分かりにくいかもしれないが、我々ヒトに至る枝への流れを見ていると考えてほしい。

これまでの研究から、霊長類という枝はまず曲鼻《きょくび》猿類（曲鼻亜目）と直鼻《ちょくび》猿類（直鼻亜目）という二つに分かれたと考えられている。曲鼻猿類というのは、ごく簡単に言ってしまえば「一見するとあまりサルっぽくない霊長類」であり、マダガスカルに棲むキツネザルの仲間やアジア・アフリカに棲むロリスの仲間などが含まれる。

ヒトに向かう枝は直鼻猿類の方である。こ

ちらもさらに大きく三つのグループに枝分かれしており、メガネザル類（メガネザル下目）、広鼻猿類《こうびえんるい》（広鼻下目）、狭鼻猿類《きょうびえんるい》（狭鼻下目）とが含まれている。メガネザル類はその名の通りアジアに棲むメガネザルの仲間であり、広鼻猿類というのは中南米地域に生息している霊長類である。しっぽが器用なクモザルやオマキザルなどはここに含まれる。ヒトへと向かう枝は狭鼻猿類で、そこからオナガザル類（オナガザル上科）とヒト上科が枝分かれするのである。

ヒト上科におけるしっぽ喪失の歴史を考える上で重要な化石は、これまでに主に2種類発見されている。皆さんにご紹介したい一つ目の化石は、オナガザル上科とヒト上科の共通祖先だと考えられているもの。エジプトで発見されたエジプトピテクス（*Aegyptopithecus zeuxis*）という約3300万年前の化石である。部分的にしか化石が発見されていないのだが、驚くべきことに遠位尾椎が1点出土している。これは非常に素晴らしい。遠位尾椎がたった一つでもあるということは、この種が間違いなくある程度の長さのしっぽを持っていたことを意味する。

しっぽ喪失に関わる重要な化石の二つ目は、ヒト上科の共通祖先だと考えられている生物の化石である。およそ1800万年前から1550万年前に生息していたと考えられる霊長類であり、これまでに複数種の化石が発見されている。その中でも特筆すべきは、エケンボ（*Ekembo heseloni*：約１８００万年前）やナチョラピテクス（*Nacholapithecus kerioi*：約１５５０万年前）である（図３‐６）。これらには仙骨の一部が残存しており、その形態からすでにしっぽを完全に喪失していたことが判明している。

図3-6　ナチョラピテクスの化石　引用）Ishida H, Kunimatsu Y, Takano T, Nakano Y, Nakatsukasa M. 2004. Nacholapithecus skeleton from the Middle Miocene of Kenya. *Journal of Human Evolution* 46(1): 69–103.

このようにしっぽの喪失はヒトへ至る道のかなり根幹的なところで生じた一大事だった。ただ、肝心なところに謎が残っている。現時点で、しっぽがある段階の化石ともうしっぽがない段階の化石が発見されているため、我々ヒト上科の祖先はこの間のどこかでしっぽを失くしたということは確かだ。しかし、この時期に相当する化石がまだ一切見つかっておらず、ヒトはいつ・どのように・なぜしっぽを失くしたのかは全く分からない。

これこそが私を惹きつけてやまないミステリーである。

◎なぜ、しっぽを失くした？

ヒトはなぜしっぽを失くしたのか、という話をすると、「二足歩行と関係があるのではないですか」と聞かれることがときどきある。どうやら、一般書の中にはそういったことを書いているものがあるようなのだ。あるいは、学校でそう習ったと言っていた方にも出会ったことがある。

だがこれ、とんでもない誤解なのである。大事なことなので、もう一度言おう。ヒト上科におけるしっぽの喪失と二足歩行には、一切関係がない。完全な誤解である。

ヒト上科におけるしっぽの喪失については、これまでにいくつかの仮説が提唱されてきた。人類学関連の世界において、つい最近の２０００年代くらいまで広く信じられていたのは、ぶら下がり運動としっぽの喪失に関連性があるのではないかとする説である。ここでは「ぶら下がり運動適応説」とでも名づけておこう。

先ほど、腕を真上に伸ばすストレッチをしてもらったことを覚えていらっしゃるだろう。あのとき述べたように、今この世界に生きているヒト上科は全てぶら下がり運動に適した体つきをしている。そして、なんともちょうどいいことに、そのヒト上科にはおしなべてしっぽがないわけである。そこで登場したのがこの仮説だ。我々の祖先がぶら下がり運動に適応したことにより、バランスをとるためのしっぽが不要になったのだろうと考えたわけである。

なんだか筋の通りそうな話ではある。そのため、この仮説は長らく信じられてきたのだが、しかし、現在では正しくないことが明確になってしまっている。歴史を変えたのは、京都大学の発掘調査隊によるナチョラピテクスの化石発見だった。断片的にしか発見されない化石資料が大半である中、ナチョラピテクスは奇跡的にほぼ全身の骨格が発見されている。そのことにより、どういった暮らしをしていた生物なのかが推測しやすい状況だった。

中でも大きな発見は、四肢の骨の形態から、ぶら下がり運動にはまだ適応していなかったこと、そして樹上を四足歩行していただろうということが判明した点である。さらには先述した通り、ナチョラピテクスはすでにしっぽを完全に喪失していたことも化石から明らかとなった。すなわち、ぶら下がり運動への適応が生じるよりももっと前の段階で、しっぽは喪失していたことが、たった一例の化石の発見によりはっきりしたのである。こうして「ぶら下がり運動適応説」は完全に否定されることとなった。

では、その他にどういった要因がしっぽ喪失に関連しうるのだろうか。手がかりはなくと

図3-7　スローロリス　引用）
"Nycticebus coucang 004" David Haring / Duke Lemur Center 2010 / Licenced under CC BY-SA 3.0 (https://commons.wikimedia.org/wiki/File:Nycticebus_coucang_004.jpg)

も気になってしまうのが研究者の性である。「ぶら下がり運動適応説」に代わって提唱されるようになったのが、緩慢な運動としっぽの喪失の関連性を疑う仮説である。「緩慢運動への適応説」とでも呼ぶことにしよう。

現生の霊長類の中に、スローロリスという種がいる（図3－7）。東南アジアなどに生息している小型の霊長類で、くりくりとした大きな目が特徴的ななんとも愛らしい生物である。夜行性であり、しっかりと両手両足で枝を掴んで移動する。その速度が、名前の通り非常にスローなのである。そして特筆すべきこととして、このスローロリスにはしっぽがほとんどない。

化石で見つかったナチョラピテクスは、スローロリスよりずっと体の大きな生物で、体重は20kgほどだったと推測されている。だからこそ、そういった比較的大きな生き物が樹上を飛んだり跳ねたり活発に動き回ると、落下時の怪我や死亡リスクが上がることが予測される。ゆえに、ナチョラピテクスは現生のスローロリスのように枝をしっかりと掴み、ゆっくりと動いたのではないだろうか、と考えた研究者がいるわけである。ゆっくり動くことで、バランス維持のためのしっぽが不要になり、退化したのだろうとするのが、この「緩慢運動への適応説」の骨子である。

だがこの仮説には、大事なものが欠けている。それは、仮説を裏づけるための証拠だ。人類学や形態学、解剖学のいずれの世界においても、緩慢な運動と筋骨格のかたちとの関連性について明らかにした研究はない。そのため、現時点では世界の誰もナチョラピテクスが本当にゆっくり動いていたかどうかは分からないのである。だから、この「緩慢運動への適応説」に関しては現状、積極的に肯定する証拠も否定する証拠もない。シンプルに言い換えるなら、研究者が言いっぱなしの仮説であって、検証すらできていない状況なのである。

ちなみに、私自身はこの仮説にどうもうまく納得できない。なので、これをどうにか検証できないかと試行錯誤しているところなのである。このあたりの話は、また別の機会に述べることにしよう。ヒト上科に至る道のりでなぜしっぽがなくなったのかは、このようにまだ一切分かっていないのである。

◎妄想の先に

では、化石がないということはヒトへと至るしっぽ喪失の道程解明はそこでジ・エンド。打つ手なしということなのだろうか。いやいや、そんなことで諦めてはいけない。諦められない、と大学院時代の私は燃えた。探し物は見つけにくいものであるだけで、絶対に見つからないと決まったわけではない。いつか化石が見つかったら、そのときにはできるだけたくさんの情報を読み取れるように、しっぽの骨から何が分かるのかを徹底的に明らかにしよう。それが私のしっぽ研究の第一歩だった。

研究を行うには様々な能力を駆使するのだが、私は妄想力というのが結構大切だと思っている。私はあまり自分に自信がある方ではないが、妄想力だけにはちょっとした自信がある。頭の中だけでなら、どんなことを思い描いたっていい。現実は苦界である。パラディーソなど存在しない。それなら自分で作ればいいのだ。研究で行き詰まったときには少し心を遊ばせておけばいいし、ときにはそこから研究のアイデアを拾えることもある。

さて、読者に私のメンタル面を心配させてしまう前に真面目な話に戻ろう。化石がないから直接的な解明は難しいヒト上科でのしっぽ喪失過程。そこに迫るためにまずできることはなんだろう、と私は考えたわけである。もし今しっぽの化石が見つかったとの一報が入ったとしよう。その発見者は私のことをよく知る気のいい友人で「東島、しっぽのことを解き明かしてくれ」と私にその化石を一任してくれたとする。無限の可能性を秘めた、かつてのしっぽの一部。それを手にしたとき、私は真っ先に何を知りたいと思うだろう。

あまり迷わずに辿り着いた答えは、長さだった。その化石種には、そもそもしっぽがあったのか、なかったのか。もしあったとするなら、それは具体的にどのくらいの長さなのか。それが分かれば、最高に嬉しい。しかも、化石は生存時のオリジナルなかたちを留めているとは限らない。長い年月で風化しているかもしれないし、何かに齧《かじ》られて壊れているかもしれない。この妄想は、発掘調査を終えて帰ってきたばかりのナイロビで進めていたので、いつも以上にはかどった。

ケニアでは長年にわたり様々な国の調査隊が人類史解明に有用な化石を発見してきた。だがそれらは、発見した本人であってもケニア国外に持ち出すことは許されない。だから私が参加していた調査隊も日本からポータブルのＣＴを持ち込んだり、必要があれば化石のレプリカを作製するなどしていた。しっぽの化石が見つかったとしても、他の化石と同じようにそれをそのまま日本に持ち帰ることはできない。また、ＣＴなどの大型の機器は多額の研究費を獲得していたり、メンバーが多い調査隊は使用できるかもしれないが、私がすぐに真似をするのは難しいだろう。

となると……。もやもやと浮かんでいた多くの選択肢が消え、自分がまずなすべきことが脳内でだんだんとクリアになってきた。私が最初に着手すべきこと。それは、部分的な化石からでも、日本から簡単に持ち出すことのできる調査機器だけを使って、何千万年も前に生きていた動物のしっぽの長さを推定できる方法を考え出すことだ。

普段から暇をみて妄想していた鍛錬の賜物《たまもの》である。やっとの思いで辿り着いた遅めの一歩に、ナイロビでひとり小さくガッツポーズをしたのは言うまでもない。

しっぽの長さのカテゴリー

実はそれまでにも、骨からしっぽの長さを知ろうという研究がなかったわけではない。１９７０年代から１９９０年代の間に、しっぽの長さの推定に関していくつかの研究が発表さ

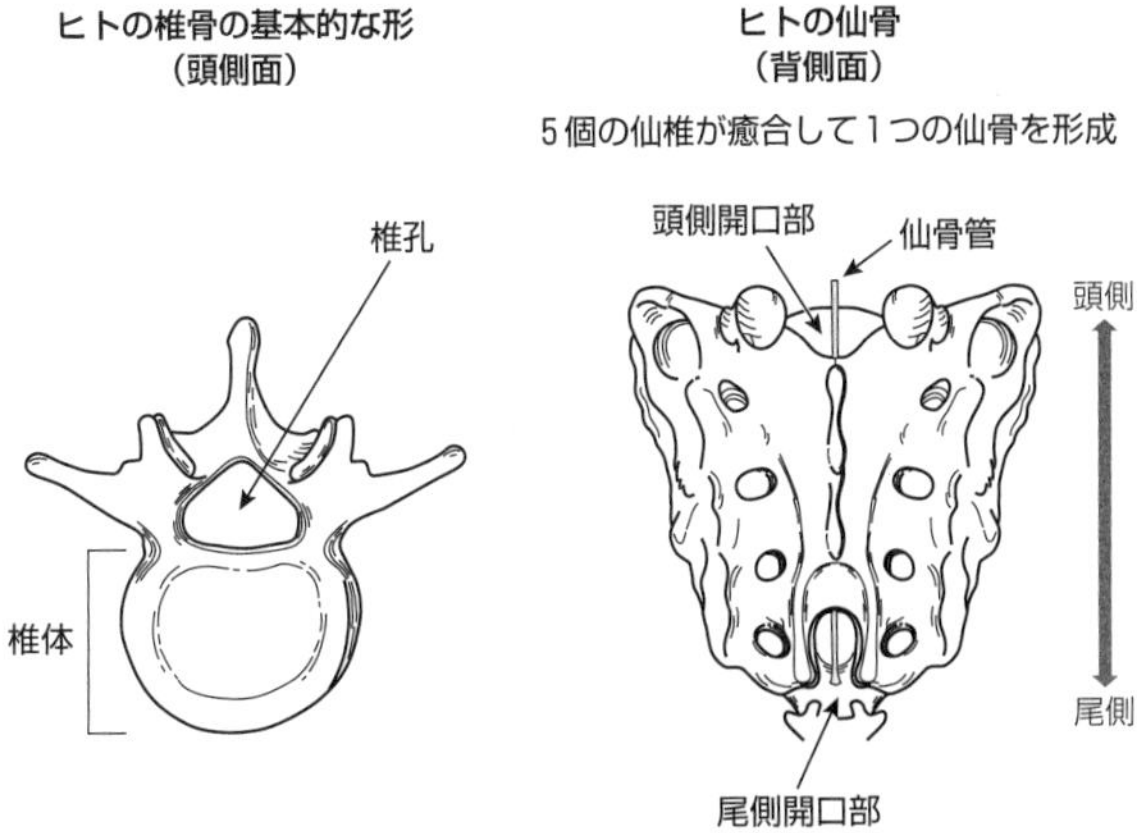

図3-8　椎骨の各部名称

れていた。そのいずれも、しっぽの根元部分にある仙骨のかたちがしっぽの長さを表しているという。

仙骨には他の椎骨と同様に脊髄が通るための空間がある。椎骨一つ一つに図3-8のような穴があり、これを椎孔《ついこう》というのだが、いくつもの椎骨が連結すると、この穴も連結して管状となる。複数の仙椎が癒合してできている仙骨でも本来の椎孔が重なり合って管状の腔所が形成されており、これを仙骨管と呼ぶ。1970年代に発表された研究は、この仙骨管の尾側開口部の大きさからしっぽの長さがある程度分かるというものだった。具体的には、仙骨管の頭側の開口部に対する尾側開口部のサイズの割合を計算した指標を作成する（sacral index)。その値の大きさによって様々な長さのしっぽを持つ霊長類を、「しっぽがない」「しっぽが長い」「ものを掴めるしっぽ・把握尾を持つ」の三つのグループに分けることができるという研究だった。

また、１９９０年代に入ると別のグループが、新たなしっぽの長さ推定法を提唱した。これは椎骨の中でも椎体という部分のかたちを評価する方法で、やはり近位尾椎と関節する仙骨の尾側の椎体サイズがしっぽの長さを表すのだという内容だった。彼らは、最も尾側にある仙椎（最終仙椎）の頭側と尾側の幅、ならびに椎体の長さという三つの計測値から新たな指標（tapering index of the sacrum）を作成し、これを活用して１８００万年前のヒト上科の共通祖先にはしっぽがなかったと結論づけた。２０００年代に入り、しっぽの長さ推定に関する研究成果がもう一つ発表されたが、それも仙骨の計測値に基づくもので、しっぽが「長い」「短い」「とても短い」「ない」のどのグループに相当するか判別できる、というものだった。

これらの論文を読んでいると、先行研究にはいくつか共通点があることに私は気づいた。まず、全ての研究が仙骨の最も尾側のかたちに着目している。ここに、しっぽの長さを読み解くヒントが隠れているのは間違いないだろう。さらに、もう一つの重要な共通点は、いずれの研究もしっぽの長さがどのカテゴリーに相当するのかという推定しかできていないということだった。

１９９０年代の研究は、「しっぽがある」「しっぽがない」という分類。１９７０年代と２０００年代の研究はいずれも、「長い」「短い」「ない」といったようなカテゴリーを最初に規定した上で話を進めている。そして、この「短い」というカテゴリーこそが、私の目には解決すべきブラックボックスとして映っていた。

なぜならこの「短い」カテゴリー、なんと範囲が異常に広いのである。２０００年代の当時最新であった研究でさえ、そのカテゴリーには40㎝以上の幅があった。すなわち、この分類に則れば、20㎝のしっぽを持つ種も60㎝のしっぽを持つ種も、一様に「短いしっぽ」となるわけである。これは、しっぽ喪失の進化を考える上で、由々しき事態だと私は思った。

先述したように、これまでの化石記録からはヒト上科に至る道のりにおいて、長いしっぽを持つご先祖としっぽのないご先祖は発見されている。だから、私が知りたいのはその間。どのようにしっぽが短くなったのかを知りたいのである。それなのに、である。その肝心な中間地点の解像度が、今のままでは低すぎる。いつか化石が見つかったときに私が知りたいのは、「短いしっぽ」を持っていたかどうかだけではない。具体的に何㎝くらいのしっぽを持っていたか、である。

私は、しっぽの骨から「短い」しっぽの長さを定量的に推定できる方法を、まず模索しようと決めた。

◎短いしっぽの長さを推定する

短いしっぽの長さ推定法を開発するにあたり、私には一点気になっていることがあった。それは、なぜこんなに「短い」というカテゴリーが幅広に設定されているのかということだ。おそらくこれまでのしっぽの長さ推定に関わる研究はいずれも、化石への応用を夢見て行われたものだろう。それならば私と同じように、どう短くなったのかが知りたいはずである。それなのに、カテゴリーの設定範囲が甘すぎるのはなぜだろう。

その理由はサルのことを調べ始めてすぐに見当がついた。あくまで推測であるが、ちょうどいいサンプルがなかったのだろう。この「短い」のカテゴリーに入るようなしっぽを持つ現生種は、それほど多くない。アフリカに棲むヒヒの仲間か、先に述べたアカゲザルのようなアジアに棲むマカク類くらいである。これらを元に推定式を作ることができたとしても、今度はその式が正しいかどうかを検証する術《すべ》がない。おおよそそのようなことなのではないか、と私は思った。

これは何かとっておきのいい材料を考えねばなるまい。そう思っていた矢先、私のPCに1通のメールが届いた。それはなんということはない、研究会の案内だったのだが、ふと行ってみようかという気になった。今思えば、まるでしっぽの神に導かれていたような気がする。それは和歌山県における交雑ザル問題に関した研究会だった。

和歌山県の交雑ザル

日本固有種であるニホンザルだが、2000年代頃から日本各地で交雑問題が生じていることが明らかになってきていた。人為的に日本に持ち込まれ飼育されていたマカク外来種が、なんらかの理由で野に放たれて、もともと棲んでいたニホンザルと繁殖してしまったのである。

千葉県房総半島ではアカゲザルとの交雑、青森県下北半島や和歌山県ではタイワンザルとの交雑が生じていることが遺伝子分析などから明らかにされ、各地方自治体が対策を講じていた。私が研究を本格的に始めようとしていたのは、ちょうど和歌山県のタイワンザル交雑群に関して行われていた4年分の研究成果が蓄積した頃だった。

まだ学会にも数えるほどしか顔を出したことがなかった院生1年目の私は、研究会という場にいるだけで、背筋が自然と伸びるような緊張を感じたのをよく覚えている。それと同時に、今まで知らなかった情報かつ必要だった情報が洪水のように耳から頭へと流れ込んできて眩暈《めまい》がするような刺激も味わった。

和歌山県の場合は、およそ70年前に閉鎖した私設動物園のようなところからタイワンザルの一群が逃亡し、野生のニホンザルと交雑した。交雑個体は年々増加し、それに伴う農業被害も増加したことから、県はさらなる人為的な遺伝的撹乱と農業被害拡大を防ぐため、全頭捕獲の上処分を決定したのである。処分された交雑ザル個体は、骨格標本化され、京都大学霊長類研究所（現・京都大学犬山キャンパス）に収蔵されているとのことだった。

耳寄りな情報はさらに続いた。なんと、駆除された交雑ザルの平均尾長は純粋なニホンザルおよびタイワンザルのちょうど中間ほどであり、その平均値を中心に満遍なくバラついているらしい。さらには交雑度に応じてしっぽの長さも様々であるという。それまでに300体以上が剖検されたとのことだった。

これだ！　と私は思った。交雑ザルのしっぽの長さはちょうど、従来の「短い」範囲に相当する。さらには個体数も十分にありそうだ。交雑ザルの骨格標本を使ってしっぽの長さの推定式を計算し、その正確性を他の種に当てはめることで検証すればいいのではなかろうか。なんて打ってつけの資料なのだろう！　そう思って私は、これらの骨と向き合うことに決めた。そしてこれが、やっと辿り着いた私の修士論文のテーマとなった。

左手に仙骨、右手にノギス

私の初めてのしっぽ研究は、とにかく大量の交雑ザルの骨たちと向き合うことから始まった。300体以上ある骨格標本の中から、まずは成体の標本をピックアップしていく。幼若な個体では骨のかたちが成熟途上であり、尾長との正確な関係性が読み取れない可能性があるためである。

図3-9　計測の様子

そうやって89体の標本を対象とすると決めたら、次は骨との睨《にら》めっこが始まる。長いしっぽの骨格標本と、短めのしっぽの骨格標本とを並べてみると、先行研究が言うように仙骨の尾側のかたちが違うことは明白だった（図3-9）。なるほど、確かに仙骨管の開口部はサイズが違う。

だが、どう見てもそれだけではなかった。それまでに提唱されていたところ以外にも、かたちの異なる部分はたくさんある。しかも、そのほとんどが最終仙椎に存在しているではないか。これはとても理にかなっているように思えた。腰椎と関節する仙骨の頭側に対して、近位尾椎と関節する尾側の方が尾長の影響を強く受けるのは至極当然である。

それならば、さらにその後ろに存在する近位尾椎のかたちにも影響があるのではないだろうか、と私は予想した。化石からは何も仙骨だけ見つかるとは限らない。実際に絶滅した曲鼻猿類では、近位尾椎の化石が完全な状態で見つかっている。尾長と骨のかたちとの関係性を知る鍵はしっぽの根元部分にあるに違いない。

このようにあたりをつけて私は、計測するべき場所を決めていった。先行研究で示された場所が最も尾長をよく表すかもしれないし、そうでないかもしれない。あらゆる可能性を考慮し、それまで提唱されていた場所に加え、自分の目がここだと訴えた計測箇所など、仙骨と第1尾椎から第3尾椎にかけて合計20箇所を測ることにした（図3-10）。

骨の計測値は、そのままではどうしても体の大きさが反映されてしまう。体が大きいほど骨自体が大きくなるのは想像に難くないだろう。そこで、こうした体のサイズによる影響をできるだけ減らすため、計測値はそのまま使用せず基準化（体のサイズによる影響を除外する）を行う必要がある。それまでの研究はいずれも、仙骨の尾側の計測値を頭側の計測値で割った指標を作成していた。頭側の計測値はおおむね、尾長との関連性が小さく、体サイズと強く相関するためである。そこで私も、仙骨の尾側だけでなく頭側も計測対象にしていた。

左手に仙骨、右手にノギスを握って、私はもくもくと作業を続けた。ノギスのわずかな当て方の違いによって計測値に差が出てしまう可能性も考慮し、一箇所につき3回計測をして、その平均値を取る。側《はた》から見れば、とても地味で退屈そうな作業かもしれない。

だが私にとっては、骨を測っているのは一番楽しく刺激的な時間だった。自分の目で「こ

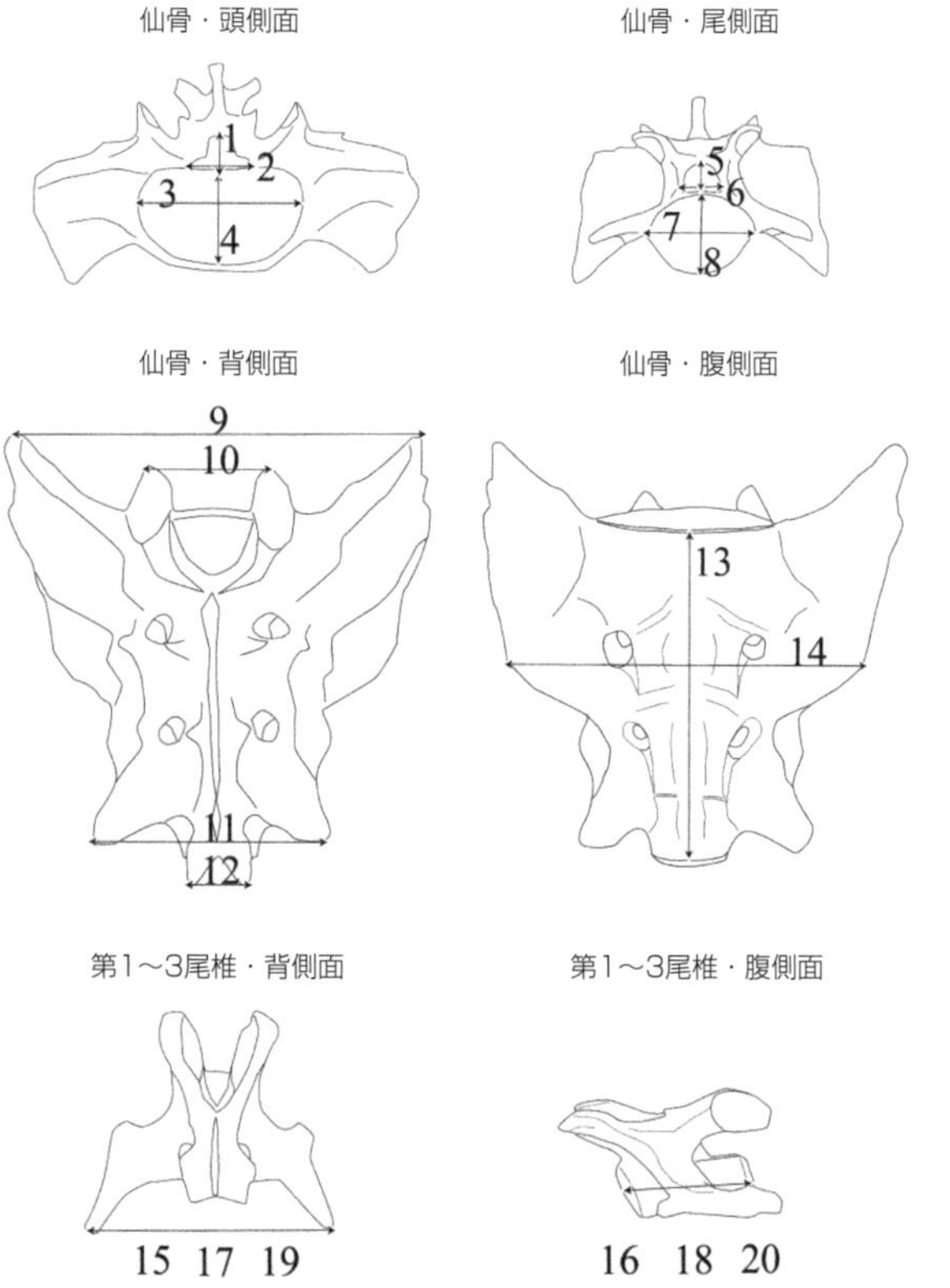

図3-10　計測は全部で20箇所　Tojima S. 2013. Tail length estimation from sacro-caudal skeletal morphology in catarrhines. *Anthropological Science* 121(1): 13-24.をもとに作成。

このかたちが違いそうだ」と思っていた感覚が、手に取ること、ノギスを当てることで確信に変わっていく。少しずつかたちの違う骨たちのことがどんどんかわいく思えてくる上、もっともっと色々な骨を見たくなっていく。知るということの楽しさと嬉しさが、目から手からずっと流れ込んでくるようなワクワクする時間だった。

もちろん、ただワクワクしているだけでは研究は進まない。苦と楽とはいつも背中合わせなのである。私の前に大きな壁として立ちはだかったのは、たくさんの数字と統計だった。お恥ずかしながら私は、数学が全くできない。算数も数学も、これまで何一つ分からなかった。ルートなどもっての外だし、四則演算でさえよくよく注意しないと怪しい。数字に関する能力を、生まれる際にどこかへごっそり置き忘れてきたに違いないと自分で思うほどに、数字が苦手なのである。

この数字への苦手意識と不耐性はこれまで散々私の人生に影を落としてきたわけであるが、その詳細はまた別の場所でお話しするとして、骨との触れ合いを通じて計測データが蓄積していくにつれ、私はこの数字にも追い回されるようにもなってきたわけである。だが、私はしっぽの長さを知るための推定式を作りたい。逃げ回るわけにもいかなくなってしまった。仕方がないので、これは統計であり数学ではないと自分に言い聞かせ続け、これはしっぽのため、修士論文のため、と自分を宥《なだ》め続け、どうにかこうにか手を進める。そして、仙骨と近位尾椎から取った計測値を組み合わせた骨のかたちの指標と尾長とがどれほど相関するのかを計算し、強い関連性を示すものを取り合わせていくつかの尾長推定式をなんとか作り出すことができた。化石では、どこの骨がどのような状態で出土するか分からない。そのため、仙骨の計測値だけで計算できる式、第1尾椎の計測値だけで計算できる式、仙骨と第2尾椎の計測値を使う式など、様々なパターンを用意した。

そうなると次は、これらの推定式の正確性を検定するために、交雑ザル以外の霊長類にも当てはめてみなくてはいけない。また新たな骨の計測が必要である。そう、苦の後には楽しみが待っているものなのである。

骨をたずねて三千里

京都大学霊長類研究所には交雑ザル以外にも、アジア地域に棲むマカク類の骨格標本が多く収蔵されていた。資料調査を重ね、ここに収蔵されている目当ての骨はほとんど調べたのだったが、もっとたくさんの種類の仙骨を見てみたい、かたちを比べてみたいという欲求は膨らんでいった。しっぽの推定式を「短い」しっぽの霊長類だけでなく、「長い」しっぽを持つ種や「とても短い」しっぽの種に当てはめてみたら一体どうなるのだろう？　様々な種類のオナガザル上科に当てはめ、その上でどこまでが的確な適用範囲なのかも検討したい。

そんな私に、先輩や周囲の研究者たちが教えてくれたのが、海外の博物館での資料調査という方法であった。とくに欧米の博物館には、日本でなかなかお目にかかれない骨格標本も収蔵されているという。これは行くしかない。仕事でヨーロッパに行くことになるなんて、夢にも思っていなかった私である。骨の研究をしていてよかった。そんな気分で私は、気持ちよく日本を飛び立った。航空券の値段が一年のうちで最も下がると噂の2月頃。私が初めて踏んだヨーロッパの地は、イギリス・ロンドンだった。

さて、調査の内容に入る前に一つ大事な話をしておこう。皆さんは、ヒト以外の霊長類というのは地球上のどのあたりに棲んでいるかご存じだろうか。この章の最初の方でも少し触れてはいるが、ヒト以外の霊長類はアジア・アフリカ・中南米の熱帯および亜熱帯地域に生息している。基本的には暖かな気候の地域で見られる生物であり、その北限が日本の下北半島というわけだ。だから現在、ヨーロッパや北米にはヒト以外の霊長類は生息していないのである。

それなのに、なぜ欧米の博物館に霊長類の標本がたくさんあるのだろう。察しのいい方ならお分かりかもしれない。それはかつての植民地時代の影響である。植民地で採集された珍しい動植物が、各国の自然史博物館に集積しているのである。そのため、同じ自然史博物館であっても、ロンドン・ベルリン・パリの博物館に収蔵されている標本のラインナップは、各国がどこに植民地を持っていたかに応じてずいぶんと異なる。どういった標本をどれくらい観察したいのかを決定する際、そうした過去の歴史を考えなくてはいけないこともある。

平日は骨、週末は博物館

海外の博物館へ資料調査に行くには、まず先方の博物館担当者にコンタクトをとる必要がある。何日間の調査で、なんの標本をどのくらい計測したいのか、どのように計測するのか、そもそもの研究目的はなんなのか。そういった情報を過不足なく相手に伝え、調査が可能かどうかを相談する。こうして快く受け入れてくれたならば、航空券や宿を予約するという段

図３-11　ヨーロッパで骨にまみれた日々

取りに移る。

最初は英語のメールを送ることさえ四苦八苦したものだが、体当たりで交渉する経験はちょっとした自信にもつながったと今は思う。ロンドン自然史博物館の収蔵庫へと続く廊下を初めて歩いたときのワクワクや、しんと静まり返った広大な収蔵庫、その中で骨と向き合う静謐《せいひつ》な時間を今でも鮮明に思い出すことができる（図３‐11）。初回は２週間ほど滞在し、十分な量の骨格標本を調べることができた（図３‐12）。

その後も、学位を取得するまでに私はロンドンへの再訪をはじめ、ベルリンやパリ、バーゼルやニューヨークなどの自然史博物館で資料調査を実施させていただく機会に

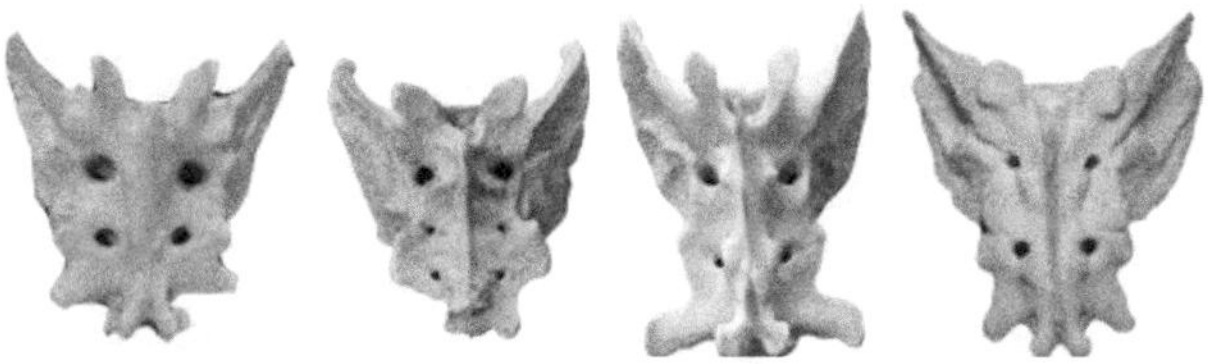

図3-12　調査で触れたさまざまなかたちの仙骨

恵まれた。2ヶ月ほどかけて欧米の博物館を訪ね回ったのだが、その経験は調査結果だけでなく研究者としての自分の糧にもなった。

　現地の博物館のスタッフと仲良くなると、ご飯やお茶に誘ってくれたりした。何気ない会話の中でその国の政情やアカデミアの様子が垣間見えることもあるし、何より海外の学食というのは味もシステムも新鮮だった。英語以外で書かれている貴重な文献やその他の収蔵資料について教えてくれたり、近くの博物館に資料があるからと言って、そちらへ声を掛けてくれたりと、便宜を図っていただいたこともあった。

　平日は収蔵庫で骨との濃密な時間を最大限に楽しみ、どうやっても調査のできない週末は、他の博物館の展示を見に行ったり、動物園に行ったりもしていた。博物館の展示にも個性があふれている。ロンドン自然史博物館（図3-13）は常設展示を頻繁に更新し、体験展示も多くて非常に勉強になる。自分がもしいつか博物館でしっぽの展示を任されたらこういう工夫は取り入れたい、など妄想がは

図３-13　ロンドン自然史博物館の外観

図３-14　パリにある国立自然史博物館の古生物学・比較解剖学展示館

かどる。

パリの国立自然史博物館の古生物学・比較解剖学展示館には、ずらりと骨標本が並んでいる（図3-14：前ページ）。圧巻の一言である。もしパリに行かれる機会があれば、ぜひ訪れてほしい私のおすすめスポットである。そんな骨たちを見ていると、ときに分類学の父と言われるリンネ直筆のメモがぱらりと付随していたりする。一方で、同じパリの国立自然史博物館にある大進化館は、ずいぶんと雰囲気が異なる。積み重ねられた歴史の香りと、それを伝える新しい創意工夫とが織り混ざった独特の空気を体感できる。

私には留学経験はないけれど、資料調査というかたちで海外を体験できるのは研究者の醍《だい》醐《ご》味《み》の一つではないかと思っている。

ノッティングヒルの変人

私は基本的に、海外にはひとりで出かけている。用心していることもあって幸いこれまで無事に調査を終えることができているのだが、ときには思わぬことが引き金となってヒヤリとするようなアクシデントに見舞われることもあった。このところ海外にも久しく行けていないのだが、次に訪れる際にも気をつけなければいけないという自戒の念も込め、少し寄り道をして、私の体験したちょっと怖い話をご紹介しようと思う。

アジア人であり女性であり低身長の私は、物理的に決して強くない。そのため服装にはいつも気をつけているつもりだった。お金持ちに見えぬよう、かつ生物学的な性別や身体特徴が判別しにくいような恰好を追求した結果、いつも茶色いくたびれた帽子をかぶり、どこからともなく中の羽毛が漏れ出ているロングの古くて安いダウンジャケットで全身を覆っていた。そして何かあれば全力で逃げられるように、靴はいつでもベタ底だ。

ここまで気をつけているのだから大丈夫だろう、という油断があったと今では思う。２度目のロンドン滞在時、宿の近くの小さなバーガーショップで夕飯を食べようとしていたときのことだった。

「ああっ！」

背後で突然誰かがそう大声で言ったのが聞こえて、私は思わず振り返った。そこには今店に入ってきたと思しきひとりの青年が立っていて、こちらをまっすぐに見つめている。私には覚えのない青年だった。独り言だったに違いない。そう思って私はまた自分の夕飯に向き合い始めた。

だが、どうしたことだろう。その青年はまっすぐに私のテーブルにやってきた。空いている椅子に手を添えて、ここに座ってもいいかと言うではないか。ちらりと店内に目をやると、満席とまではいかないものの、そこそこに賑わってはいる。さっさと食べて出よう。やむをえないと思い、私はどうぞと答えた。

嬉しそうに向かいに座る青年。だが彼はバーガーを注文しに行くでもなく、ただ向かいに座ったまま私を見つめるのだった。不審に思ってこちらもじっと見返していると、彼は目をきらきらとさせながら、話しかけてきた。

「ああ、やっぱり君だ。僕は君に会いたかったんだよ」

頭の中はハテナで満杯である。もしかして、博物館の関係者だろうか。あるいは学会で会った研究者か学生だろうか。必死に脳内の人物名鑑を検索してはみたものの、どうにも思い出せない。失礼だが、どこかでお会いしただろうか。そう尋ねてみると、彼からは思わぬ答えが返ってきた。

「君は3日前、ノッティングヒルの駅にいただろう」

怪訝《けげん》に思いながらも、私は彼の言葉に一旦うなずく。確かに、私は3日前にその駅にいた。

だが、誰とも会話など交わしていないのだ。

話は3日前に遡る。朝、博物館に行こうと地下鉄に乗り込んだのはよかったものの、私の電車はいつもと違う方向へと進んでいってしまった。ちょうど、JRの湖西線と琵琶湖線が山科《やましな》駅の同じホームから発車するような具合である。次に電車のドアが開いた瞬間、私は高校時代以来の全力走行にて駅の階段を駆け上がり、運良く反対ホームに停まっていた電車に駆け込んだ。ゆっくり発車した車内で、息も絶え絶えに私は、その駅がノッティングヒルという名だと知ったのだった。そのようなわけだから、私は誰とも会っていないし、話してもいない。それなのに彼は、こう続けた。

「あの後、君に会いたくて、僕はずっとノッティングヒルで君を捜していたんだ。でもどうしても会えなくて。もしかしたらと思って今日は別の駅を捜してみたんだけど、会えなかった。諦めて帰ろうとしたんだけど、夕飯を食べようと思って入ったこの店に君がいたんだ！」

茶色い瞳をきらきらさせながら、前傾姿勢でなおも早口で話す青年。

「これはきっと、運命だよ。君はどこに住んでいるんだい？　この近所かい？」

これがもし映画やドラマなら、ロマンスの幕開けなのだろうか。だが、私は断言する。あれはあくまでフィクションなのだ。現実では、ただの恐怖体験でしかない。逃げよう。非常事態である。

「人違いだと思うよ」

似た背恰好のアジア人なら他にもいるはずだ。私は手短にそう告げて、席を立とうとした。だが、彼は頑なに、君に間違いないと繰り返す。なぜそんなに自信があるのか。少しイラつきながら尋ねると、彼は嬉しそうに私のカバンを指さしてこう言ったのだ。

「その恐竜のぬいぐるみが目印だよ。彼が君と僕を引き合わせてくれたんだ。幸運のぬいぐるみだよ！」

しまった。そう思った。目立たぬようにと服装には気をつけていたくせに、私は自分のカバンにつけている大きなステゴサウルスのぬいぐるみをすっかり失念していたのだった。彼には幸運のぬいぐるみだったのかもしれないが、私にとってはとんだ厄災招きになってしまった。

ノッティングヒルといえば、ヒュー・グラントとジュリア・ロバーツが出ている映画『ノッティングヒルの恋人』が有名であるが、私の身に起きた事件はさしずめ、「ノッティングヒルの変人」である。

あれ以来、私は海外で使うカバンに大きなキーホルダーやお守りをつけないように気をつけている。

尾椎の数としっぽの長さ

さて、話をまたしっぽに戻そう。

しっぽを研究するにあたり、私が最初に着目した骨は、仙骨。さらにその尾側の部分のかたちがしっぽの長さを反映するのだということは、ここまでお話しした通りだ。だが、しっぽの骨から分かるのは何もそれだけではない。各地の博物館で出会ったたくさんの骨は、私にもっと多くのことを教えてくれた。

骨の調査をするときには必ず、一つの標本箱の中にどのくらいしっぽの骨が残っているかを最初に確認する。尾椎はしっぽの先端へ向かうほど非常に小さくなるので、博物館標本であっても全てが残存していることは稀なのだ。一体何番目くらいまでの尾椎は残っているのか、それをはっきりさせるため、私はいつも一度はそれらを仙骨から順番に並べてみることにしている（図３‐15）。

図3-15　尾椎のサイズはこんなにバラバラ

近位尾椎は互いにしっかりと関節するので前後関係を把握するのは簡単だ。それに続く遠位尾椎は、関節面でしか関節しないため、かたちだけを見て何番目の骨なのかを正確に察するのは難しい。骨のサイズなどを考慮して並べるのだが、同じようなかたちの遠位尾椎がずらりと並んでいくさまはなんとも愛らしい。こうしていつも楽しんで並べていたおかげで、今ではすっかり、しっぽの骨を並べるのが特技になってしまった。講演会などでやってみせると、大抵の方たちは私のスピードに驚いてくれる。

それはさておき、そのようにしっぽの骨を並べているうちに、尾椎の数に種間や種内で非常に大きなバリエーションがあることに私は気づいた。これはしかし、とりたてて目新しい発見ではない。霊長類では、しっぽが長い種は短い種に比べて尾椎の総数が多いことはすでに報告されていた。さらには、この気づきを博物館標本から証明しようと思っても、先述した通り、尾椎、とくに微細で多数の遠位尾椎が全て残存している例はほとんどないのである。これまでに調査してきた国内外の博物館の標本たち全部から考えても、しっぽの骨が完存していた標本はおそらく両手の指で数え切れるほどだろう。

そのようなわけで、尾椎全ての数の違いを記述することには現時点であまり意味がないし、現実的でもなかった。けれど、まだ何かが自分の中で引っかかっていた。大事なことがまだこの骨にありそうな気がする。遠位尾椎の数は一見して分かるほど種間や種内で大きな差があった。だが、近位尾椎はどうだろう。そもそも、この尾椎の数の違いというのは遠位尾椎の数の違いだけで成り立っているのだろうか。

そこで、私ははっと気づいた。遠位尾椎の数のバリエーションに比べれば程度は小さいかもしれない。だが、近位尾椎の数にも、はっきりと種間差が存在したのである。

様々な長さのしっぽを持つオナガザル科（かつては旧世界ザルとも呼ばれたグループ）で近位尾椎の数を比較してみると、尾長に大きなバリエーションがあるヒヒ族というグループでは、しっぽの長さと近位尾椎の数とに強い関係性があること、すなわちしっぽの長い種ほど近位尾椎の数も多い傾向にあることが明らかになった。ヒヒ族とは、我々に馴染み深いニホンザルやその仲間であるアジアのマカク属、アフリカに棲むヒヒ類やマンドリル類、同じくアフリカに生息するマンガベイ類という霊長類を含む比較的大きな分類グループである。自分の胴体よりも長いしっぽを持つような種から、しっぽがほとんど目立たないような種まで、尾長にはかなり幅があるのだが、近位尾椎の数もそれに伴って1個から5個とグループ内で大きなバリエーションがあるということが分かったのだった。

小さくて数の多い遠位尾椎に比べて、近位尾椎は化石資料でも残りやすい。かつ、たとえ前後の骨がなく単体だったとしても形態が特徴的であるため、何番目の近位尾椎なのかはおおよそ判断できる。そのため、いつかヒト上科とオナガザル科の新たな共通祖先の化石が見つかったとしたら、さらにその化石が断片的だったとしたら、この知見は遥かなるご先祖のしっぽの長さを推定するのにきっと役立つだろうと私は思ったのだった。

そう、このように過去の私は「いつか化石が見つかる」日を想定し、そのXデイに向けてひたすら、形態学・解剖学的な知見を積み重ねていたのである。そして、あまりに必死だったために、全く考えもしなかったのだ。そのXデイはいつ来るのか、そもそも本当に来るのかという基本的なことを――。

第4章

しっぽと発生生物学

～ヒトはしっぽを２度失う～

形態学の限界

何を研究したらいいのかと悩んだ夏から、早くも4年以上の月日が流れた。きりきりと痛む胃のあたりをさすりながら、私は大学院博士課程最後の試練に挑んでいた。博士号を取得してその先も研究の道を歩むために、私は二つの山を乗り越えねばならなかったのだが、そのどちらにも暗雲が立ち込め、先行きが甚《はなは》だ不透明だったのである。

一つ目の山は博士論文の執筆だ。まずはこれを仕上げなければ、この先どうにもならない。少し前に雑誌から返ってきたけんもほろろな査読コメントを前に、折れそうな心を奮い立たせてPCに向かう。

しかし、博士論文のさらに後ろに控える大山が私の心によりいっそう重圧をかけていた。そう、次の進路である。博士論文を仕上げたら「はいお終《しま》い」では済まされない。その先に広がっているのは大海原である。むしろそこから、本当の意味で研究者としての人生が始まると言っても過言ではないだろう。しかも、そこに漕ぎ出すときには、もう学生という身分保証はない。身分は自分で勝ち取らねばならないものである。

だが、研究を進め、論文を書けば書くほど、未来のビジョンには雲がかかっていくのであった。そう、私は薄々気づき始めたのだ。それまで自分が誠心誠意取り組んできた、形態学的な研究手法には限界があるということに。この手法だけでは、私が望む「ヒトはどのようにしてしっぽを失くしたのか」の解明には、永遠に漕ぎ着けないだろうということに。

私のそれまでの研究で明らかになったのは、今この世に存在している様々な霊長類におけるしっぽの骨や筋肉のかたちであった。それらは今日に至るまでの進化の結果、生み出されてきたものではある。だが、どのようにしてしっぽを失くしたのかという進化の実態を明らかにするには、現生種のかたちを知るだけでは足りない。決定打となりうるのは化石の解析であるが、その化石が残念ながら見つかっていないのだ。化石が見つかれば、私の研究成果を応用してヒトがしっぽを失くすに至った道のりが分かるかもしれない。だが、化石が見つかるのが先か、私の研究者生命がついえるのが先かは、誰にも分からない。これは詰みだ。私は思った。

このままでは、私の知りたいことには辿り着けない。博士号をとった後、私はどうすればいいのだろう。当時の自分が知っていた研究室は、いずれも形態学や解剖学、霊長類学に関するところばかりだった。行き先がない。これ以上、どうやったら自分の研究が開けるのか、面白くなるのか分からない。袋小路に追い詰められた気分だった。
だが、そんなある日、また私はしっぽの神の声をふと聞くことになったのである。

ヒトはしっぽを2度失くす?!

何がきっかけだったのかは、今となっては正直あまりよく覚えていない。だがおそらく、このときの私も手当たり次第に論文やら本やらを読み漁っていたのだろうと思う。そこでふと、気づいたのだった。ヒトがしっぽを失くすのは、一度ではないのかもしれない、と。

ここに至るまで再三再四、私は我々ヒトにはしっぽがないと言ってきた。だが、もっと正確にいうならば、現時点ではしっぽが生えていなくとも、我々ヒトには誰しもこれまでの人生で一度はしっぽが生えていた時期があるのだ。誰もそのことを覚えていないに違いない。ヒトにしっぽが生えているのは、ヒトとして生まれる前の段階だからである。

受精卵から、我々個々の体のかたちが作り上げられる過程のことを発生過程という。その段階で、なんとヒトにも一度はしっぽが作られる。だが、誠に残念なことに、そのしっぽは生まれるまでに完全に消え失せてしまうのである。ヒトという種に至る進化の過程、そして個体がかたち作られる発生の過程、ヒトは2回もしっぽを失くしてしまっているのである。

進化の謎を解く鍵は、発生過程に隠れているのではないだろうか。しっぽの神はある日、私の耳元でそんな風に囁いたのであった。

進化と発生の甘い関係

私は基本的に、自分の直感に正直に生きてきた。それも影響したのかもしれない。形態学的な研究を重ねて博士号をとったものの、この〝天啓〟を受けた私は、またあっさりと発生生物学という別分野に研究員として鞍替えしたのである。

生物学の心得のある方なら、この選択に「待った」をかけるかもしれない。高校までの生物学ではこれらは別単元として教えられるものだろう。なぜ進化を知るために、発生という異次元に飛び込むのかと不思議に思うかもしれない。だが、私は別にやけを起こしてこれまでの世界を飛び出したわけではない。実は、進化と発生の間には切っても切れない密な関係が存在するのである。

なぜ進化を知るために発生を知ろうと思ったのか。その理由は驚くほどシンプルだ。生物学の用語を使うと話はすぐにややこしくなってしまうので、一旦まとめて脇へ置いてお話ししよう。

ここまでこの本を読み進めて、読者の皆さんはきっとお腹も空いたことだろう。生物の話など忘れて、ぜひ甘いケーキのことでも思い浮かべていただきたい。世の中には、実にたくさんの種類のケーキがある。王道のショートケーキは言わずもがな、ラム酒のきいたチョコレートケーキや空気のように軽いスフレチーズケーキなど、三者三様の美味しさがあるのは言うまでもないことだ。

そして美味しいものを食べると、その美味しさは一体どこからやってきているのかと、気になるのではないだろうか。そんな気持ちで元を辿っていくと、どんなケーキも大抵同じような材料からできていることに気づく。小麦粉、砂糖、あとは卵やバター、そんなところだろう。「いや、生クリームも必要だ」などと細部にはどうか目くじらを立てないでほしい。私が言いたいのは、多様なケーキが同じような基本材料からできている不思議についてである。

では、どうして同じような材料から色々なケーキを作ることができるのだろうか。答えは簡単。それらの材料をどのように使ってケーキを作るのかという「作り方」が違うからである。生地の材料を泡立てるのか泡立てないのか、何度のオーブンで何分焼くのか、あるいはチーズを入れるのか入れないのか。そういった作り方の違いが、最終的なケーキのかたちや味の違いを生み出す。そして、その作り方はレシピにこと細かに書かれているものだ。

これと全く同じことが、生き物においてもいえるのである。世の中には、三者三様なかたちの生き物が存在している。だが、どんな生き物も元を正せばたった１個の卵からできているのである。材料だけ見れば、ケーキ類よりよほどシンプルだ。

では、なぜたった１個の卵から色々なかたちの生き物ができるのか。それは、体のかたち作りの過程、すなわち発生過程が異なるからに他ならない。そして、作り方のまとまったレシピ本が生き物でいうところのゲノムに相当する。なぜ、進化を知りたいがために発生過程の研究をしようと思い至ったのか。それは、進化の結果生じたありとあらゆる生き物のかたちの違いは全て、発生過程の変化により作り出されるからである（図４-１）。もう少し言い換えるなら、進化とは発生過程に生じてきた変化の歴史であるとも表現できる。

体の作られ方がどう違うのかが分かれば、次にその違いがレシピのどのあたりに載ってい

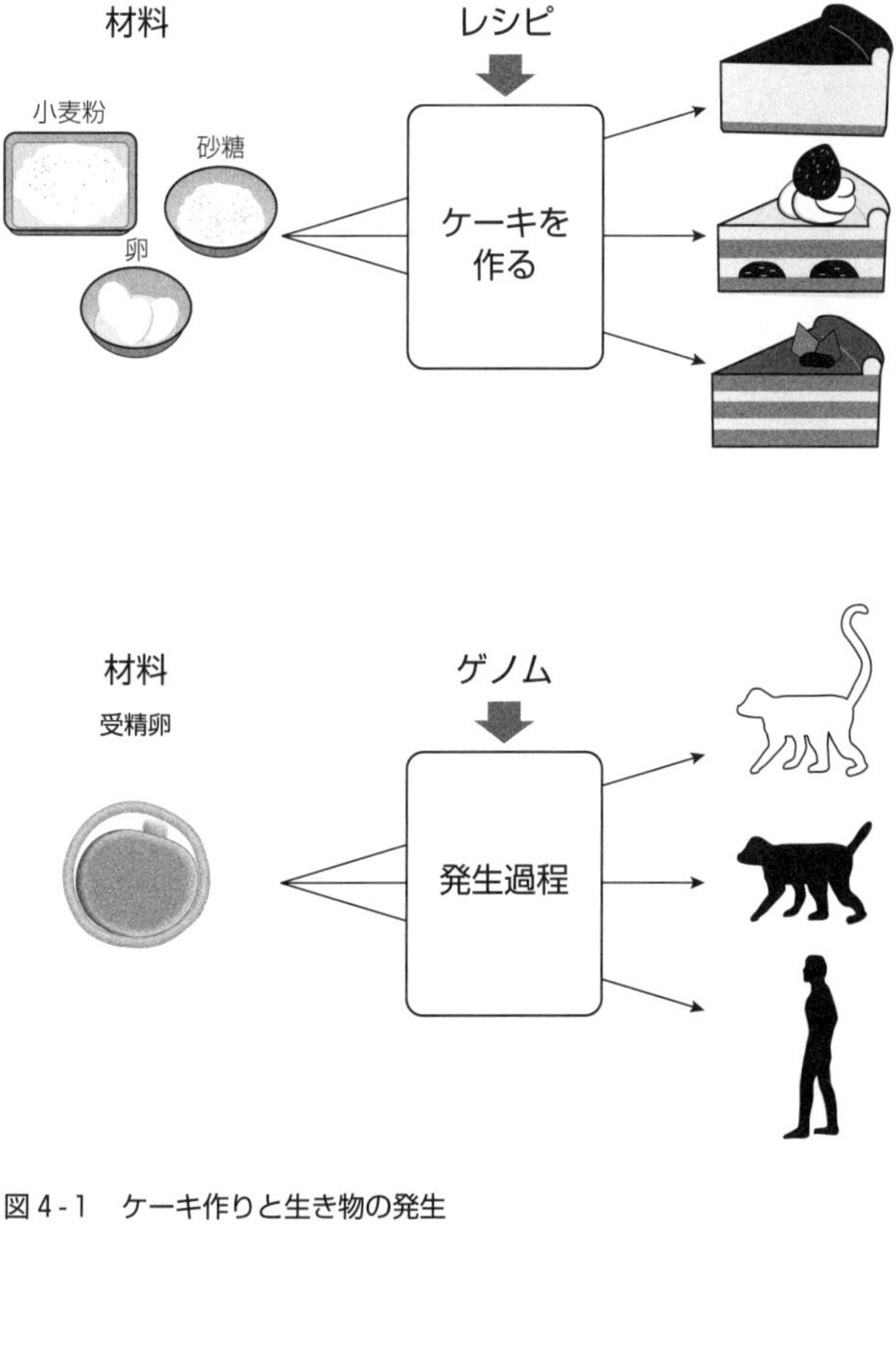

図4-1　ケーキ作りと生き物の発生

るのかを調べることもできるようになる。さらに、レシピの違いはいつ書き加えられたのか、という風に順を追って辿れば、いつか私の知りたい方向に、今はまだ見えない進化の暗闇にもう少し迫ることができるのではないかと考えたのである。

◎しっぽはどうして消えるのか？

体のかたちを作る発生過程というのは、実際とてもドラマチックである。たった1個の球体から、これだけ凹凸のあるかたちを作り出すのだから、想像に難くないだろう。しっぽもご多分に漏れず、劇的な変化を辿る。そう、先ほども述べたようにヒトにも一度はしっぽが生えるのである。生まれる前というと、多くの読者は胎児という言葉を思い浮かべるかもしれない。しかし、しっぽが生えているのは胎児よりもさらに前の段階なのである。ここで、しっぽの話を詳しく始める前に、まずはヒトの発生について至極簡単に説明をしたい。皆さんは、ヒトが一体どのくらいの期間で生まれてくるのかご存じだろうか。もちろん個人差はあるものの、現在はおおむね40週だと言われている。この40週という妊娠期間の

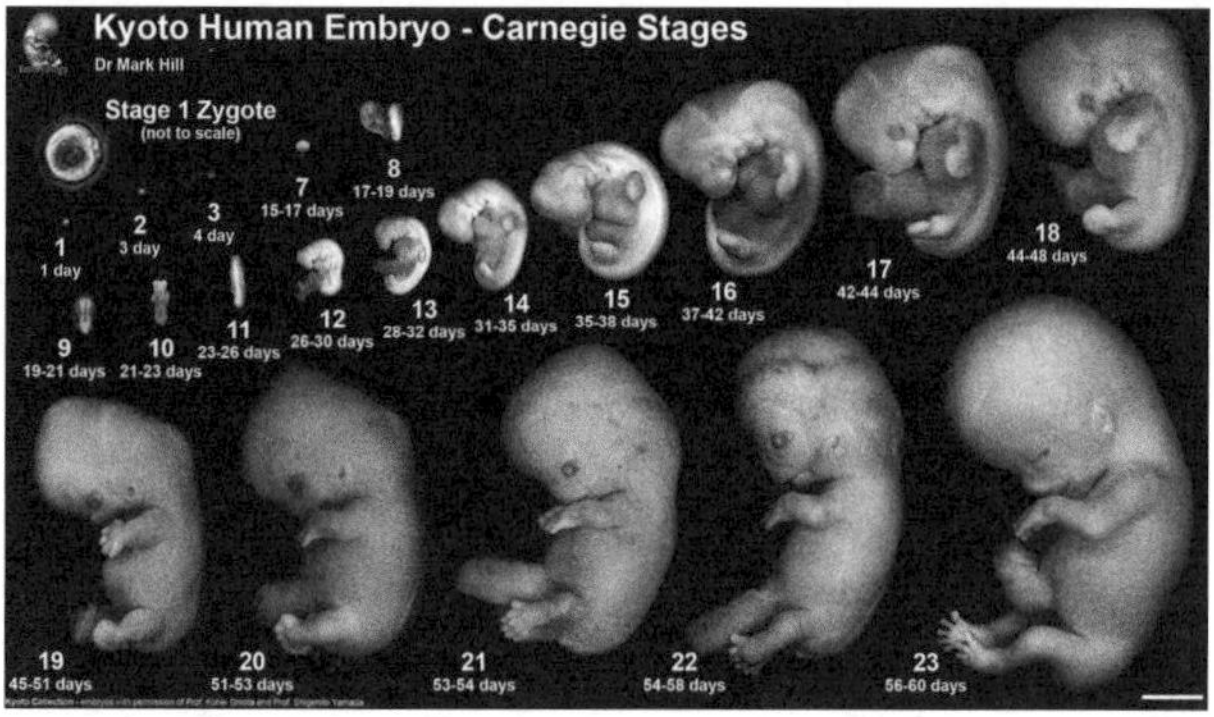

図4-2　ヒトが胚から胎児に成長するまで　引用）Hill M.A. 2018. Developing the Digital Kyoto Collection in Education and Research. *The Anatomical Record* 301(6): 998-1003.

うち、最初の10週までに体の大まかなかたち作りが行われるのだが、このかたちを作り出す発生段階のことを一般的に「胚」と呼ぶ。発生過程では、この胚のかたちもサイズもむくむくと変化をしていき、目が離せないほど面白い。体のかたち作りが一段落すると、胚は胎児と呼ばれるようになるのである。

ヒトにしっぽが生えているのは、この胚の時期（胚子期）だ。たとえば妊娠およそ7週目の段階で、我々には図4-2のように大変立派なしっぽが生えていた（17番）。だがしかし、発生が進むにつれこのしっぽは完全に失われてしまう。

なぜ、一回は生えたしっぽを完全に失くしてしまうのだろう。私はこれが気になって仕方がなかった。どれほど調べてもその理由や仕組みについて書かれた論文は見つからない。自分で探してもダメなら、他の人に聞いてみよう。そう思った私はある日、人類学の研究室のすぐ上の階にあった発生生物学の教授の部屋を訪ねたのだった。当然、初対面である。しっぽの発生について、発生生物学の分野では一体どれほど研究が進んでいるのか。そう尋ねてみたところ、教授はぐいと身を乗り出して答えた。

「しっぽの発生については、実はほとんど分かっていない」

うちで研究をするかという教授の言葉に、即座に首を縦に振る。やっと一条の光が見えた気がした。何度でも言おう。転機というのは、一生懸命探していても見つからないくせに、ふとした拍子に転がり込んで来る天邪鬼《あまのじゃく》なものなのである。

◎目に見えるもの、見えぬもの

だが、発生生物学研究室への転向は、そう簡単なものではなかった。同じ生物を扱うといえど、着眼点やアプローチがそれまでとは全く違っていたのである。

生物学の中には、大きくマクロとミクロという括りが存在している。語弊を恐れず一言で表現するなら、目に見えるサイズのものを扱うのがマクロ、見えぬサイズのものを扱うのがミクロである。私がこれまで取り組んできた骨や筋肉のかたちの観察はマクロなアプローチだ。

だが、発生生物学の世界で扱うものは、ときに我々の目には見えないのである。組織や細胞、これらは肉眼で見えずとも顕微鏡の力を借りれば目にすることができる。かたちが分かる。ただ、これは序の口で、そうした細胞の働きに関与する遺伝子ともなると、そう簡単に見えはしない。使い慣れないピペットを握り、何かの液体を吸っては吐き、吸っては吐く。だが、扱う液体のほとんどが透明なのである。一体、何と何が混ざり合っているのか。実感が伴わないことが多かった。初めて飛び込んだ発生生物学の世界は、私がそれまで一番頼りにしてきた目や触覚から違いを見出す手法が一切通用しなかったのである。

困ったときは論文を読もう。そう思って手を出す論文も、最初はちんぷんかんぷんだった。遺伝子の名前が分からない。用語も分からない。実験手法の名前も全てが初耳である。セミナーを聞いても、何語なのかすら分からなかった。とんでもないところに飛び込んでしまったのかもしれない。見えたと思った光は当初感じたよりずっと先の方から差していたようで、私はまた、目の前の荊《いばら》を見落としていたのだった。

このままでは、大変だ。そう思った私は、自分の強みを活かせる方法を必死に考えた。かたちを研究してきた私の目を最大限に活かして、発生を調べる方法はないか。新たな研究手法と組み合わせて、さらに先へ進む方法はないか。そうしてまた、思いついた。そうだ、ヒトのしっぽがどのようになくなるのか分かっていないのなら、ミクロな研究アプローチと同時並行しながら本物のヒト胚を観察すればいいではないか。

体節が大切

ヒト胚の標本については、幸い心当たりがあった。大変貴重なヒト胚標本であるが、なんと京都大学に非常に膨大な標本群があるのである。19世紀末から20世紀にかけて、世界の各地で研究を目的としたヒト胚・胎児標本の収集が行われたのだが、世界三大コレクションとしてアメリカやドイツの標本群と並ぶのが、京都大学の所蔵標本群である京都コレクションだ。これは1961年以来、母体保護法（旧優生保護法）に基づいて収集された膨大なヒト

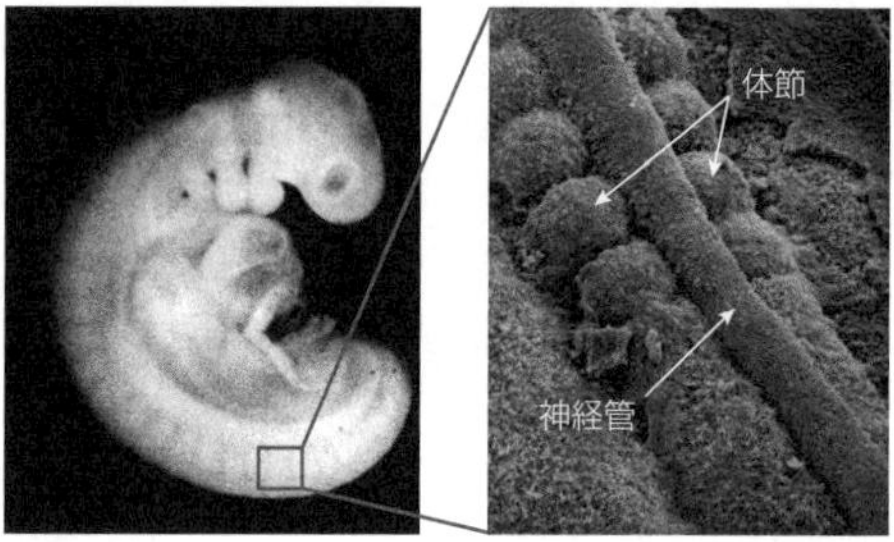

図4-3　体節とは　右図はGilbert S.F. 2013. *Developmental Biology 10th edition*. Sinauer Associates, Inc. Sunderland, MA, USA. (p.418)をもとに作成。

胚・胎児標本群であり、現在は京都大学大学院医学研究科附属先天異常標本解析センター（通称：先天研）に収蔵されている。

大学院の頃から解剖実習などで度々お世話になっていたこちらの先生に、私は喜び勇んで連絡をとった。ヒトのしっぽが発生過程でどのようになくなるのかを知りたい。先天研の標本たちを観察させてほしい。知り合いの教授は二つ返事で了承してくださった。面白そうだと思ったら、研究に協力を惜しまない。そんな京大らしさに感謝をしながら、私の新しい研究がスタートした。

実際のヒト胚標本を用いて私が注目したのが、体節と呼ばれる構造だった。講演などでこれを言うといつもシラけた空気になってしまうのだが、この体節、本当に大切なのである。

我々の体ができあがる過程で体の中央には、将来の脊髄となる神経管という管が1本、まっすぐに通っている。その神経管に沿って、この体節と呼ばれる繰り返し構造が形成される（図４‐３）。体節が形成される様子はまるで、１本の羊羹を人数分に切り分けていくかのようで、定期的にフシフシと律儀に切り出されていく。

こうした体節は平たくいえば、将来の椎骨や椎骨周りの筋肉の材料となる。そこで、私は閃いた。発生過程でしっぽが一旦は作られて、その後に消えるということは、将来の椎骨となる体節に何かが起きているのではないだろうか、と。それで私は、しっぽ部分における体節の数の変化を調べることにしたわけである。

体節はしかし、体の表面から眺めていても一体何個存在しているのか判然としない。そこでまずは、体内に存在する体節を全て可視化する方法を編み出した。こういうと何かすごいことを思いついたようだが、私が採用したのは実に簡単な原理、塗り絵である。先天研には、すでに薄くスライスされた（切片化された）ヒト胚標本が多数存在する。そうした切片の写真を一枚一枚顕微鏡で撮影し、その画像上で体節部分に手作業で色をつけていく。この塗り絵を何十枚、何百枚と重ねれば、それは立体となる。そうしてコツコツと、私は発生段階の異なる49体のヒト胚たちでしっぽの体節をカウントしていった。

伸びて止まって、そして縮む

ヒト胚体内の体節を可視化してみると、どの段階でもしっぽの先端までびっしりと、体節が存在していることが分かった（図4‐4）。

まず胚子期の始め頃には、胴体が後方へとずんずん伸びていく時期がある。これを体軸伸長というのだが、この時期には無論、しっぽ部分の体節数もぐいぐいと日を追うごとに増えていく。そしてある日、この体軸伸長はストップする。ここまでは、従来の発生生物学で明らかにされていたことと同じだった。

だが、しっぽが見せてくれたのはその先である。ヒト胚のしっぽは、この体軸伸長が停止した直後（最長となった直後）、一気に5対分も消えてしまうということが分かったのだ。しかもそれがわずか2日のうちに生じる。40週もあるヒトの妊娠期間のうちのたった2日。そのわずかな間に、せっかく椎骨の元まで立派に備えて作られたしっぽが、消え去ってしまうのである。

これまで、発生生物学の分野では、しっぽの長さというものは、体軸伸長が停止するタイ

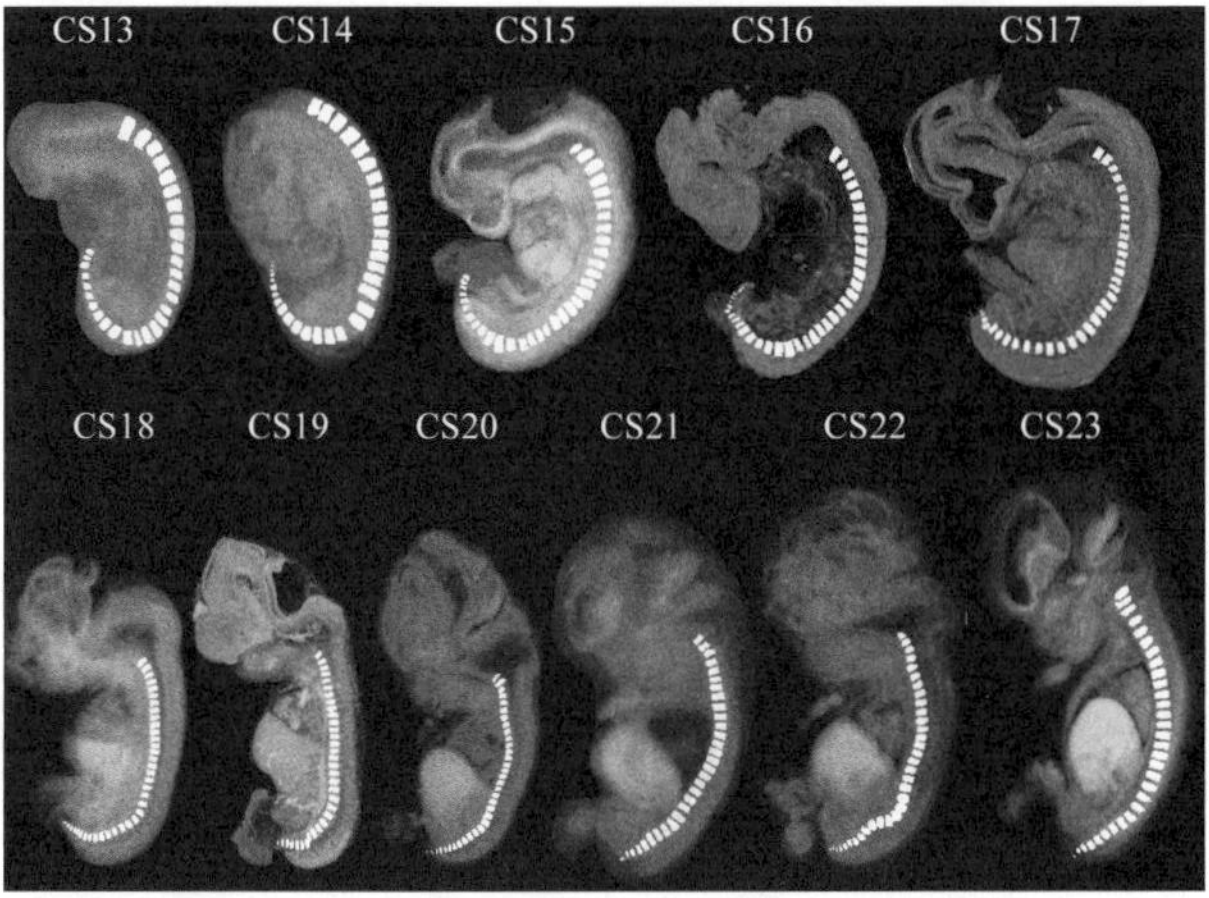

図４-４　びっしりと並ぶ体節　白色の部分が体節を示している。引用）Tojima S, Makishima H, Takakuwa T, Yamada S. 2018. Tail reduction process during human embryonic development. *Journal of Anatomy* 22(5): 806-811.

ミングによって決められるのだと考えられてきた。それはもちろん正しい。実際、全体的な体の長さは体軸伸長停止のタイミングに大きく依拠している。たとえば同じ爬虫類であっても、胴体の長さが全く違うヘビとトカゲでは、当然のように体軸伸長停止のタイミングは異なる。

だが、ヒト胚を用いた私の研究はそこに新たな一ページを加えたのだ。すなわち、ヒトのようにしっぽのない生物の発生過程におけるしっぽの形成プロセスでは、しっぽは伸びて止まって、さらに縮む。「縮む」という新規の発生現象の存在を突き止めることができたのである。
私はしっぽの発生を考える上で、幸運にも非常に大きな一歩を踏み出すことができた。ただし、本番はまだまだこれからである。現象を見つけたら、次に挑まねばならない壁は「ではそんなに急激で大掛かりな発生イベントは、どのように起きているのか」ということである。

そこで私は今、しっぽでの大幅な体節数減少を引き起こすメカニズムを、明らかにしようと研究に取り組んでいる。具体的には、どのような細胞の働きが体節の減少を引き起こすのか、それに関与する遺伝子とはなんなのか、といったようなことの解明を目指している。

だが、これにはヒト胚はもう使えない。細胞挙動や遺伝子の探索を行うには、どうしても侵襲的（サンプルを破壊してしまう）実験手法が必要となる。大変貴重なヒト胚をこれに使用することはできない。

そこで私は、モデル動物と呼ばれる実験動物たちのお世話になりながら、しっぽ発生の研究を続けている。ヒトのことが知りたいのに他の動物を使って大丈夫なのか、という声が聞こえてきそうであるが、実はしっぽも含む体軸形成という仕組みは、有羊膜類《ゆうようまく》（羊膜に包まれて発生してくる生物のこと。具体的には哺乳類、鳥類、爬虫類）で共通していることがすでに知られている。そのため現在の私は、こうした有羊膜類の胚発生を参考にしながら、日々発生生物学的な実験をしているわけである。

この研究は今も継続していて、現時点ではここに答えを明記できないのがもどかしいところである。だがいつの日か、望むべくは近い将来、しっぽの発生に関するニュースを皆さんのお耳に入れたいと思っている。

しっぽの生えたヒトはいる？

さて、真面目な話が続いたのでまた少し脇道にそれた話題を提供しようと思う。

学会や講演でヒトにはしっぽがないという話をすると、かなりの高確率で発表後に私のところへやってくる人たちが出現する。そういう方たちは大体、ニヤニヤしながら、こう言うのだ。

「私、実はしっぽの生えたヒトを知っているんです」

これまでに聞いた話では、発話者の家族であるお父さんやお祖父さん、友人、ときには本

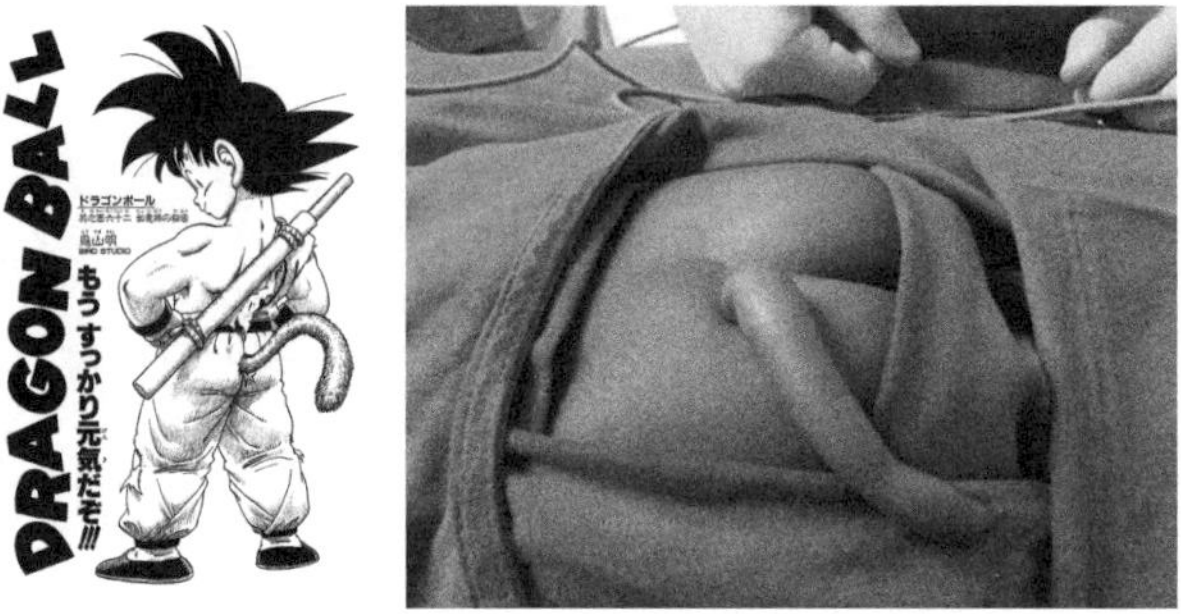

図4-5　ヒトに生えたしっぽ？　引用）左：鳥山明『DRAGON BOLL』集英社（1988）、右：Shad J, Biswas R. 2012. An infant with caudal appendage. *BMJ Case Reports*, doi: https://doi.org/10.1136/bcr.11.2011.5160, 2012, bcr1120115160.

人に生えているという例もあった。しっぽの専門家と名乗りながら、どうだこれは知らないだろう、と言いたげな表情で皆やってくるのである。あまりに毎回こうした方が現れるので、私もどうにも気になってきた。

生物学的に現生のヒトにしっぽはない、はずである。前の章でも書いた通り、およそ１８００万年前から１５５０万年前のヒト上科共通祖先の段階でしっぽは失われているはずなのだ。だが、生物学という枠を一旦脇へ置いて、もっと広い視野で世界を眺めてみると、「しっぽの生えたヒト」というのはちょくちょく目に入ってくるのである。

世界的に最も知名度が高いのは、漫画『ドラゴンボール』の主人公・悟空だろう。厳密にいうと彼はヒトではないが、ヒト型の生物ではある。あるいは、漫画の神様とも称される手塚治虫氏も『有尾人』というタイトルの作品を発表している。さらに後述するが、しっぽの生えたヒトに関する記述は何も漫画の世界だけにとどまらない。民話や神話にも登場する。気をつけて探してみると、古今東西にしっぽの生えたヒトに関する記述や表現が散見されるのである。

こういったものを目にする度、私の中の確信がゆらいでいった。この世界に「絶対」というのは存在しない、はずである。本当に、しっぽの生えたヒトというのはいないのだろうか。もしかしたら、ごく稀にしっぽの生えているヒトもいるのではないだろうか。

こうして疑心暗鬼に陥ったある日の私は、また色々と論文を探していた。そうすると、見つけてしまったのである。まずは、この写真をご覧いただきたい（図４‐５）。なかなか衝撃的なビジュアルではないだろうか。きっと、読者の皆さんもこう思ったことだろう。「あ！しっぽだ！」と。

これはHuman tailという名の先天異常なのである。なんとも気になる名称ではないか。

謎めくしっぽのようなもの

しっぽの研究者としてこれは見逃せない。その直感にしたがって、私はまた関連する論文を収集し始めた。Human tail というのは、ヒトにしっぽのようなものが生えている、という実に名前そのままの先天異常であるらしい。もっと詳しく知りたい。だが、そう思って調べれば調べるほど、疑問点が増えていった。

たとえば、しっぽのようなものの形状やそれが生えている場所は実に様々で、中にはしっぽらしからぬ場所、たとえば腕にそういった突起が見られるケースまである。しかし、なぜそういった形態差や場所の差が生じるのかに踏み込んだ研究はほとんどない。先行研究の大半は、症例報告と呼ばれる形式の論文で、「こういった症例がありました。このように対処しました」という淡々としたものなのである。

さらに、この先天異常はどういった診療科が扱うのかも不明だった。患者や患者の家族も、こうした症状を一体何科に相談すればいいのかきっと悩んだことだろう。Human tail に関する論文は、小児科から整形外科、神経外科、皮膚科、形成外科、外科などまで、多岐にわたる分野の雑誌に散らばっていたのであった。

こうした状況から、私は察した。この先天異常は見た目のインパクトゆえに、見つかれば論文として報告されるのだろうが、それ自体が患者の命に関わるような異常ではないため、臨床医学的に重要視されてこなかったのだろう、と。そのため、先述のケースのように腕に生えていようが、しっぽに似つかない形状だろうが、Human tailだと診断される。さらには、原因を知ろうとも思わない。定義や病型分類に曖昧な点が多いのは、致死的な異常でないからである。

だが、致死的でないからといって、軽視してもよいというわけではない。まだレントゲンやＣＴといった検査技術が一般的でなかった頃には、Human tailの術前診断は主に触診のみによって行われていた。そして当時はほとんどの場合、見栄えが悪いという理由で単純に切除されてしまっていたのだが、これが後遺症を引き起こしたという報告が存在する。いずれも、患者が乳幼児の頃にしっぽを切除したのだが、彼らが成長して思春期を迎えた後に排尿・排便困難や歩行障害を引き起こしたというのである。

たかがしっぽ、されどしっぽ。それ自体が生命を害することはなくとも、処置如何によっては患者や患者家族の人生の質（ＱＯＬ：Quality of Life）を左右しかねない厄介な先天異常が、Human tail なのである。

真のしっぽと偽しっぽ

先天異常によって生じるしっぽのような形状。これは本当に、しっぽと呼んでいいものなのだろうか。これが最初に、私の脳裏に浮かんだ疑問だった。もう少し正確にいうならば、他の脊椎動物が持つしっぽという構造と、本当に相同なものなのだろうか、と考えたわけである。かたちは確かに、細長くにょろにょろしている例もある。だが、先端が丸く膨らんだようなものもあるし、およそしっぽに見えない症例も多かった。

そして、中には何が入っているのだろう。ここを明らかにしなければ、ヒトにしっぽがないと今後自信を持って明言することはできない。そこで、この Human tail の病型分類に関する先行研究も調べたのだが、これもなかなかに混乱を極めていた。真のしっぽ（true tail）と偽しっぽ（pseudotail）という表現が、飛び交っていたのである。

このHuman tail という先天異常には、これまでにいくつかの分類法が提唱されたことが

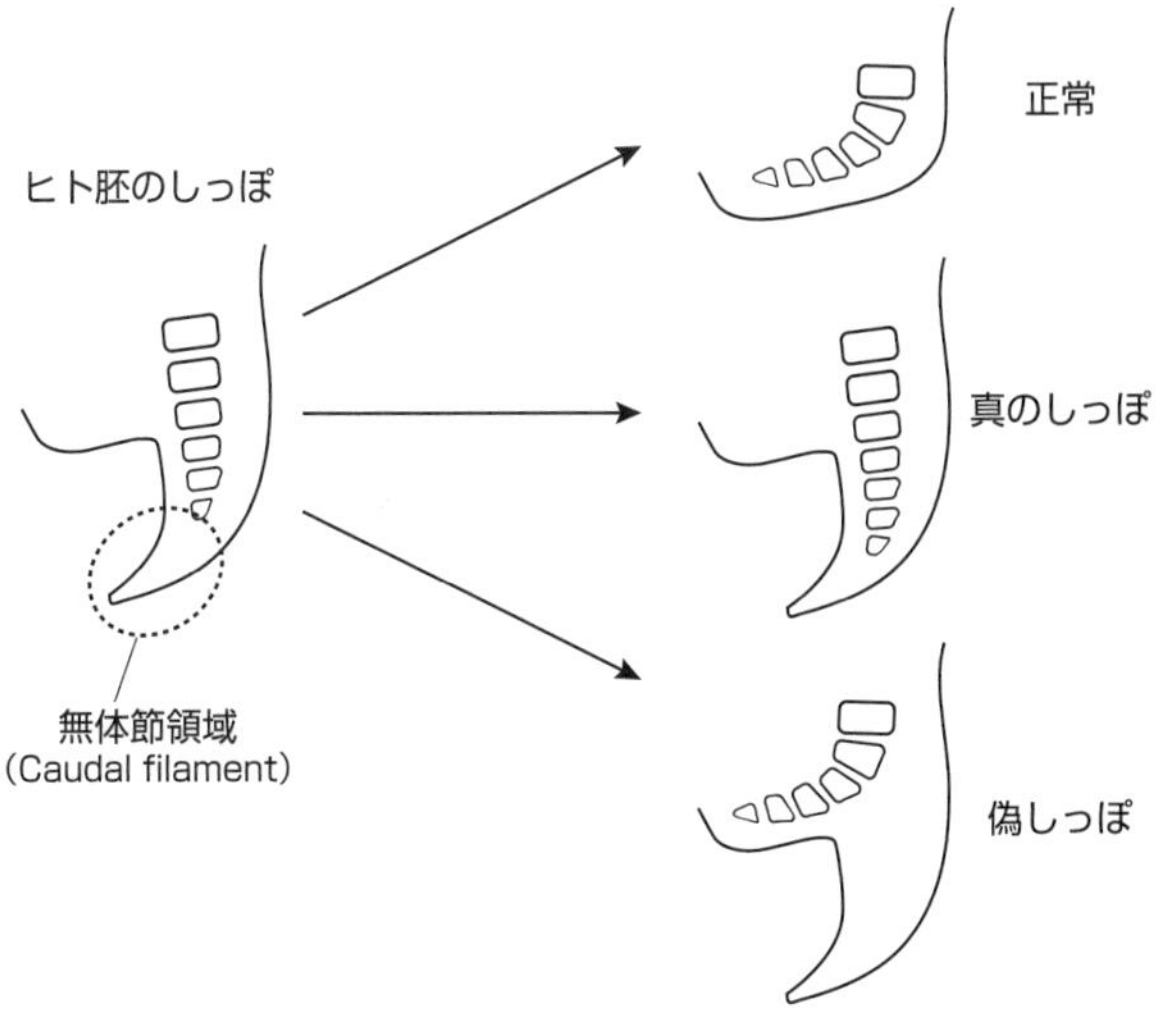

図4-6　真のしっぽと偽しっぽ　河村進, 柏尚裕, 森口隆彦, 谷太三郎. 1985. Human tailの2症例. *形成外科* 28: 437-442.をもとに作成。

ある。最初は1884年、その後は1901年、1966年、1984年（この年に2報）、そして2008年と関連する論文は6報あるのだが、分類の最も基本となるのは、しっぽのような構造の内部に骨が入っているかどうかである。とくに1970年代以前はレントゲンやCTが一般的でない時代であるため、触覚による情報は大事だったに違いない。それは分かるのだが、その後の名前のつけ方が混乱の元となっていた。

たとえば1901年にハリソンという医師が、内部に骨の存在する例を「真のしっぽ（true tail）」、骨のない症例を「偽しっぽ（pseudotail）」と定義した（図4‐6：前ページ）。これは他の脊椎動物に倣《なら》ったであろうことが容易に想像でき、納得しやすい名づけ方である。以後の論文では、このハリソン氏の論文を引用して「真のしっぽ」と「偽しっぽ」という表現が使用されるようになった。

ところが、1984年に別の研究者たちが、真のしっぽ／偽しっぽという名称はそのまま、骨の有無に関しては完全に逆転するような分類法を提唱したのである。こうなると、症例報告中に「本例は、真のしっぽ（true tail）であった」と述べられていたとしても、1901年の定義であるのか、1984年の定義に則ったのか、よく読んでみなければ判然としない。これが誰も改善しようとも思わないまま今日に至っていたのだから驚きである。

Human tail はしっぽなのか？

では、どうしてこのような先天異常が生じるのか。これについては、実はついこの間まで、医師たちの間で100年以上にわたって信じ続けられてきた仮説がある。

それこそ「Human tail は胚子期のしっぽの名残説」である。これは１９０１年に、先述したハリソンという医師が発表した仮説である。彼によると、まずヒト胚のしっぽにはある程度体節が含まれているものの、先端には caudal filament と呼ばれる体節のない領域（無体節領域）があるのだという。発生過程において一旦形成されたしっぽは短くなるが、このとき体節の存在する部分がうまく消失しなかった際に「真のしっぽ（true tail）」が生じ、無体節領域の消失のみに異常が生じた場合には「偽しっぽ（pseudotail）」となるのではないかと彼は考えたのだ（図４－６：１３５ページ）。今から１００年以上も前に提唱されたこの仮説は、その後、全く検証されることなく信じ続けられてきたのだが、私はこれを初めて知ったとき、強烈な違和感を抱いた。

理由は二つある。私はヒト胚のしっぽがどのように発生過程で消失するのか、それを知るべく大量のヒト胚コレクションと付き合ってきたわけだが、４万点以上存在する京都コレクションの中には、発生過程における尾部退縮異常と思しきケースは一例も見られなかった。また、これまで尾部を含め全身に存在する体節を可視化してきたわけだが、基本的に胚のしっぽ部分には先端までびっしり体節がある。無体節領域と彼が呼ぶ構造は、存在しないのである。

おそらく当時の技術では、しっぽの先端の方にあった微細な構造を観察しきれなかったのだろう。ただ、いくら患者の生命に関わらない先天異常だとはいえ、発生要因が事実と異なるというのは少々よろしくないのではないだろうか。私はそう思った。そして同時に、これまでに蓄積されてきた臨床的な症例報告を発生生物学的な目線で見直してみたら、もっと事実に近い要因が分かるのではないかと考えた。しっぽの研究なんて誰の役に立つんだ、と医学部の研究者から冷ややかな視線を浴びせられたことは数しれない。だが、このHuman tailに関しては、過去の知見の蓄積から今後の臨床的処置に役立つようなことが見出せるかもしれないと思ったわけである。

過去の文献をかき集めるという作業は、ときに煩雑に感じることもあるが、私はさほど嫌いではない。論文の検索エンジンを利用しつつ、得られた論文の引用文献をチェックし、さらに過去の症例や論文を追い求めていく。

インターネット上で公開されているものは簡単にアクセスできるが、まだ電子化されていない文献の場合は、図書館の誰も来ないような棚を訪れて雑誌を探す必要がある。しんとした空間で、色褪《あ》せた紙面上のクラシックな字体を目で追っていると、心が無になることがある。そうしたときには大抵、どこか別世界にいる感覚に陥っていて、これまでに先人たちが築き上げてきた大きな研究の潮流を、現在という立ち位置から見上げているような気になるのである。ひとりの研究者が一生の間になすことのできる成果を感じ、その連続を感じ、感動したり背筋が伸びたりする時間を私は結構気に入っている。

さて、そうしてHuman tailの報告例を集めてみると、１８８１年から２０１７年までに世界中で１９５例の研究があることが分かった。論文中に記載されている詳細な情報、たとえば場所（体のどこに生えているのか）や性別、国籍による発生率の差異の有無、年齢、併発症状（Human tailの他に患っている先天異常）の有無、内部組織などについて可能な限りで収集していく。そうすると、見た目は同じようなしっぽ状であっても、実はHuman tailには異なる４タイプが存在する可能性が浮かんできたのである。しかもその４タイプは成因も違うと考えられる上、比較的簡単に見分けることができるため、臨床、とくに初診時にある程度有用な指標となりうる。

やはりヒトにはしっぽがない

Human tailを見分ける上で目安となるのは三つの項目だ。まず、中に骨が入っているかどうか、これに加えて骨のある場合にはそれが尾骨と関連のあるものかどうかが重要な判別ポイントとなる（図4-7）。

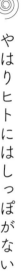

内部に骨があり、さらにそれが尾骨の一部である場合をタイプ1と名づけた。これは、いわゆる「尾てい骨」のあたりが出っ張っているというようなケースで、体の中央のライン（正中線）上に突起が存在することが多い。座ったりすると、その出っ張りのせいで疼痛《とうつう》を催すこともあるようだが、半数以上の例は他の異常を併発していなかった。このケースでは尾骨の数は正常の範疇であり、尾骨のサイズがやや大きい、あるいは尾骨の湾曲の程度がやや強い、といった理由で少し尾骨が突出している。私が耳にした「しっぽの生えたヒト」たちというのも、おそらくほとんどはこの類《たぐい》だろう。

内部に骨があるHuman tailの中には、椎骨とは全く関連性のない骨が存在する場合もある。これをタイプ2と名づけた。骨が内部に生じる原因には併発異常と関連がある。数少な

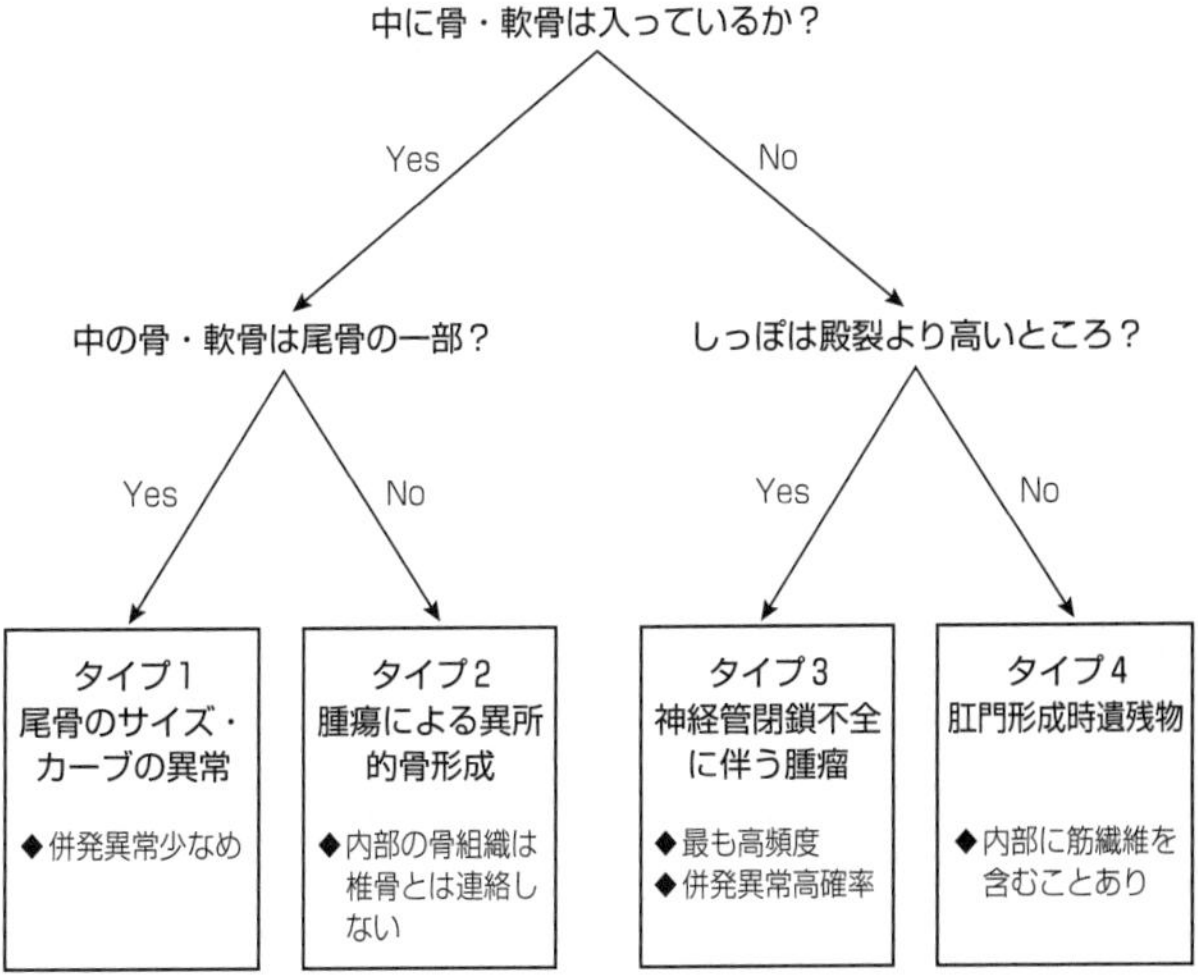

図4-7　Human tailの分類　Tojima S, Yamada S. 2020. Classification of the “human tail” : Correlation between position, associated anomalies, and causes. *Clinical Anatomy* 33 (6) : 929-942. とTojima S. 2021. A Tale of the Tail : A Comprehensive Understanding of the “Human Tail”. *Journal of Korean Neurosurgical Society* 64 (3) : 340-345. をもとに作成。

いこのタイプ2症例ではテラトーマ（teratoma）という併発異常が報告されていた。これは一種の腫瘍であり、腫瘍組織の中には異所的な組織形成を生じる場合がある。しっぽ状の構造の中に、偶然骨ができてしまったというようなものであり、当然この骨は椎骨とは一切関節していない。

先に内部に骨が存在する症例について述べたものの、実はほとんどの場合、Human tailの内部には骨が入っていない。今回分析対象とした195例のうち132例が骨なしである。さらにこうした場合には、しっぽ状のものが存在している高さ、すなわちそれが臀裂（お尻の割れ目）より高いか低いかが重要な鍵となる。

これまでに報告されているHuman tailの中で最も多いのは、しっぽ状のものが臀裂より高い位置に見られるタイプ3である。そして残念ながら、これが最も厄介なタイプでもある。非常に高い確率で、潜在性二分脊椎などの脊髄の異常を併発しており、処置には注意を要する。

二分脊椎というのは神経管の形成異常である。脊髄の元となる神経管は最初平面的なシート状の構造なのだが、最終的には筒状となる。きわめて簡易的にいうと、紙の両端をくっつけて筒を作るようなやり方でシート状から筒状構造へと変化するのだが、筒状構造がうまく形成できず開放してしまうような先天異常が二分脊椎である。その異常部分が皮膚で覆われていないケースを開放性、皮膚で覆われている場合を潜在性として呼称が区別されている。

こういった形成異常はさらなる別の異常を併発することもある。中には、しっぽ状突起の内部に存在するなんらかの線維構造が脊髄に絡んでいるようなケースもあり、そうした場合に単純切除をしてしまうと、患者の成長に伴って脊髄が下方に牽引されることとなり（脊髄係留症候群）、排尿や排便、歩行困難などを引き起こしてしまうことがあるのだ。幼いときに手術した患者に思春期になってから現れる後遺症は、まさしくこれが原因だったわけである。

最後に、やわらかなしっぽ状の構造物が肛門や会陰付近に存在する例もあり、これをタイプ4とした。これらは鎖肛などの肛門周辺の形成異常を伴う確率が高い。稀に、動かせるHuman tail、すなわち内部に少量の筋繊維を備えた症例もあるのだが、そうした筋繊維は肛門をきゅっと締める筋肉から伸びており、他の脊椎動物の尾筋のように脊柱周囲の筋由来ではないのである。

さて、ここまで先天異常Human tailを調べてみて、大事なことが分かってきた。それは、いずれのタイプや症例においても、他の脊椎動物におけるしっぽと相同な構造は一つもなかったということである。先天異常Human tailは、確かに一見しっぽ状である。だが、体幹の延長構造であるというしっぽの条件を満たさない上、発生過程における尾部退縮異常に起因するわけでもなさそうである。

過去の研究では、何を「真のしっぽ」「偽しっぽ」と呼ぶかで一悶着あった先天異常Human tailであるが、蓋を開けてみれば、そもそもいずれの場合も真のしっぽではない。やっぱりヒトにはしっぽがない、ということが残念ながらこれではっきり分かってしまったわけである。

しっぽと遺伝子

この章では、しっぽをかたち作る発生というトピックに着目して私自身の研究成果をご紹介してきた。研究に至った着想や中身などをまずはきちんとスムーズにお伝えしたいという思いから、専門用語はできるだけ省いてここまで述べてきたわけではあるのだが、それでは少し物足りないという方のために、ここで一歩だけ深みに踏み込んでおこう。

発生という体のかたち作りを理解するには、遺伝子の名前や働きを知るというのが実は欠かせない。そして、こうした遺伝子の役割を知ろうとする取り組みこそが今日の発生生物学の分野では花形であると言ってもいいだろう。そのため、しっぽの形成に関しても重要な先行研究というのがあるし、さらには日進月歩で新たな研究成果がもたらされている。

ここでは少し、そういった遺伝子の話に紙面を割こうと思う。遺伝子の名前を聞くと頭が痛くなる、という方は、このコーナーを読み飛ばしていただいても構わない。

しっぽをかたち作る遺伝子

まずは、これまでの発生生物学分野でしっぽのかたち作りに非常に重要であると考えられてきた遺伝子たちと、その働きについてご紹介しようと思う。発生過程においてしっぽというのは、伸びて止まって、そして縮むというのは先述の通りである。その、伸びると止まる仕組みにも遺伝子が関わっていることが知られている。

体軸が伸びていくときには、しっぽの先端にある tail bud（尾芽）と呼ばれる部分から体節および神経管方面に向けて、常に細胞が供給されている。もう少し細かくいうと、その tail bud の中にはＣＮＨ（chordo neural hinge）と呼ばれる場所があり、そこでは神経細胞にも中胚葉細胞（将来の体節など）にもなれる可能性を持つ前駆細胞が細胞分裂により生み出されている。平たくいうなら、しっぽを伸ばすための最先端の工事現場が tail bud であり、その現場の中の資材倉庫がＣＮＨである。

しっぽが伸びているときは、この資材倉庫・ＣＮＨにおいて「資材を増やして現場へ届けよ！」、すなわち「細胞分裂をじゃんじゃんして、体軸を伸ばせ！」という命令が遺伝子によって出されている。その命令系統に関わっているのが、*Wnt3a* と *Fgf8* という二つの遺伝子だ（図４‐８）。体軸の伸長時には、この二つの遺伝子のスイッチがオンになっており、同じ名前のタンパク質がしっぽ先端の tail bud に多く分布する状態となっている。

一方で、Wnt/Fgf 両タンパク質によって、量が抑えられているレチノイン酸（ＲＡ）というタンパク質もしっぽの先端には存在している。Fgf8 および Wnt3a というタンパク質が多い状態だが、ＲＡの量は少ない。この状態のときには、しっぽが伸びている。ということはすなわち、伸長が止まるときには、このタンパク質の濃度勾配が反転するのである。二つの遺伝子 *Wnt3a* と *Fgf8* がいわばスイッチオフすることにより、しっぽ先端ではこれらの遺

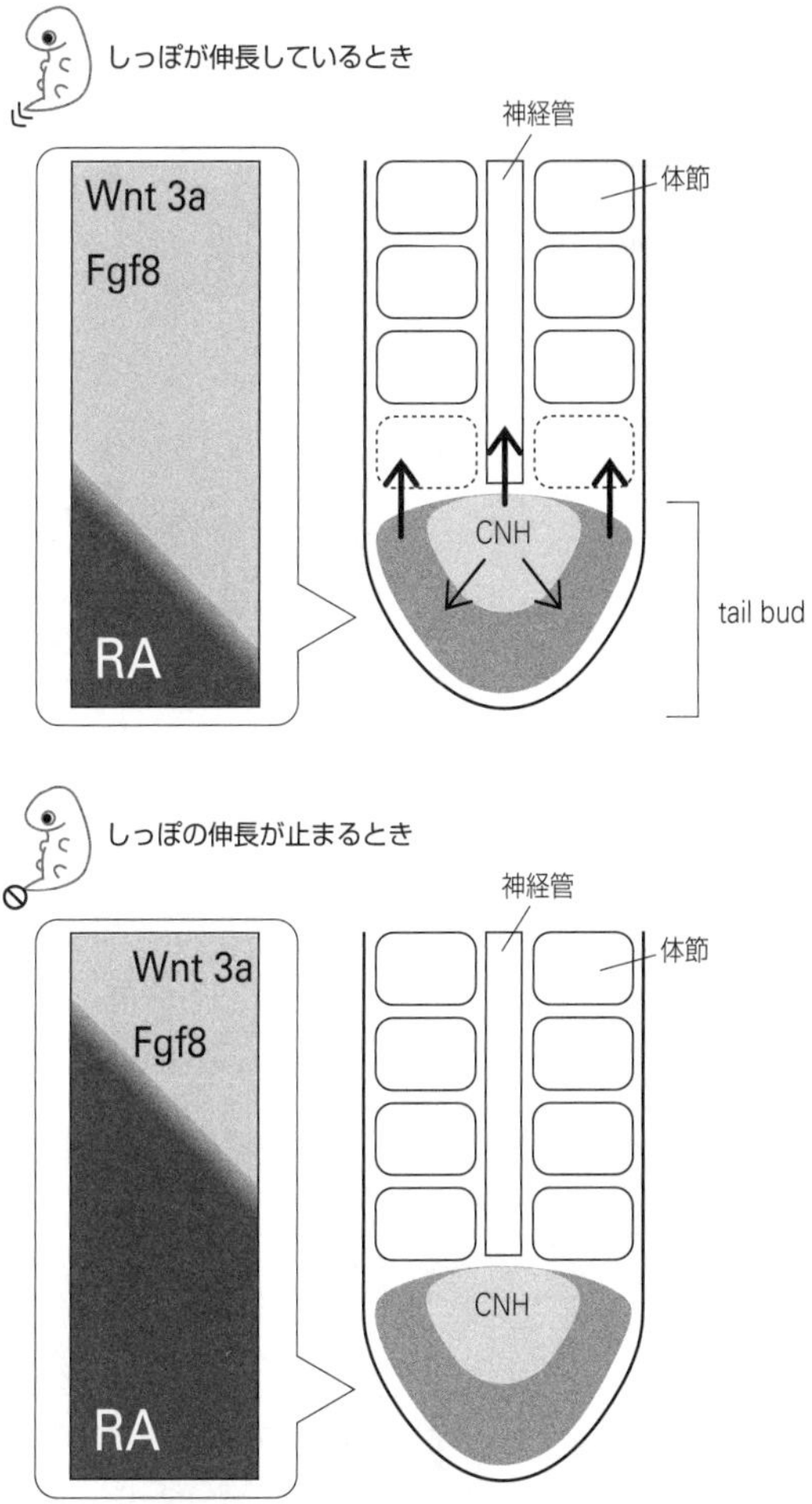

図４-８　しっぽの伸長と停止のメカニズム　Tojima (2021) をもとに作成。

伝子と同名のタンパク質が減少、変わりにＲＡの量が増える。そうすると、資材倉庫であるＣＮＨでは細胞分裂がストップ、材料が供給されなくなることで自動的に体軸伸長は停止するというわけである。

この体軸伸長と停止の仕組みというのは、有羊膜類で広く共通することが知られている。体軸伸長が停止した段階で、体軸は最長であり、体内に存在する体節の数も最大となっている。そのため当然のことながら、胴体が長い種やしっぽが長い種では、そうでない系統群に比べて体軸伸長停止までに作られる体節数は多い。

従来の発生生物学では、ゆえに体軸伸長停止のタイミングこそが尾長の決定に重要であると考えられてきた。先にも述べたように、もちろんこれらが重要な発生イベントであることは間違いない。ただしヒトではその後に、尾部退縮というもう一つのしっぽ形成イベントが生じるというわけである。そして、それを引き起こす遺伝子というのは残念ながら、ここで明記できる段階にはない。

しっぽ喪失に関連する遺伝子？

２０２４年の２月に発行されたNature誌に１本の論文が掲載された。曰く、著者らはヒト上科におけるしっぽ喪失の遺伝的な原因を突き止めた、というのである。

近年、様々な霊長類においてゲノム解読プロジェクトが進んだことにより、遺伝子型と表現型（実際に生じる体のかたち）の変化の因果関係を明らかにすることが可能となってきた。この論文の著者らも、霊長類間でゲノムを比較し、ヒト上科におけるしっぽの形態形成に関わる遺伝的要素を探索したわけである。そして、*TBXT*遺伝子（*T*または*Brachyury*とも呼ばれる）の変異（この遺伝子の配列にAlu配列と呼ばれる別のＤＮＡ配列〈レトロトランスポゾン〉が挿入されたこと）が、しっぽの喪失に関わるのではないかと結論づけた。論文中では、ヒトのTBXT産物の発現を模倣した遺伝子改変マウスは、尾が短くなるか、完全に欠如したというデータが示されていた。

この論文は、２０２１年にまずbioRxivというプレプリントレポジトリ（まだどこの査読つき雑誌にも採択されていないが、投稿中もしくは採択へ向けての修正途上にある草稿を発表するオンラインのアーカイブ）にて発表され、その後2年以上を経てNature誌に採択された。著者らが同誌上で語るには、遺伝子改変マウスを作製するのに、ずいぶんと手こずったのだという。

メジャーな雑誌に掲載され、しかもシンプルで分かりやすい論文タイトルだったということもあり、この論文が発表されたとき、私のところへはたくさんの取材依頼がやってきた。記事になったものも、ならなかったものもあるが、当時記者の方が興味を持たれていたことは、しっぽの研究者として、この成果をどう考えるのか、という解説の要求である。

社によっては、そうした問いに混じり、自分が解き明かそうとしていることを先取りされた気分はどうか、といったような下世話な観点のものもあった。そして、こんな質問ばかり相手にしていて、私は彼らが共通して、大きな思い違いをしていることに気がついた。それは、この論文の登場によりしっぽ喪失に関する謎が全部解決したと思い込んでいることである。

何人かの記者たちは、私がこの論文を読んで地団駄を踏んでいると思ったようだが、無事に論文が採択されたようで、めでたいというのが私の率直な第一印象であった。ここまで何度も言っているように、肝心な化石記録が欠如している現在、ヒト上科におけるしっぽ喪失の時期や原因の直接的な解明は不可能である。ブラックボックスに挑むには工夫が必要なのは明白であり、そこへ近年躍進の目覚ましい遺伝子解析で迫った意義は大きいと私は思っている。

しかし、ではこれで「私たちヒト上科が、いつ・なぜ・どのようにしっぽを失くしたか」が全解決だ、めでたし、とはならない。今回の論文に対して私が納得していない点の一つは、この著者らがヒト上科におけるしっぽの喪失に迫る結果だと述べながら、これまでの研究の蓄積をほとんど全く把握していない点である。

そもそもこの論文の一文目にはとんでもないことが書かれている。

「ヒト上科におけるしっぽの喪失は、二足歩行の進化に寄与したと考えられている」

こうして論文が始まるのだ。さらにこの箇所以外にも、著者らがしっぽの喪失と二足歩行とを関連づけて考えていると思しき文章が、論文中や同雑誌の他のコーナーに散見される。

この本ですでに言っていることであるが、ヒト上科においてしっぽの喪失と二足歩行は一切関係がない。化石記録から明言できることであり、大間違いにもほどがあるのである。ヒト上科におけるしっぽの喪失について考える論文でありながら、これまでの化石記録に関する情報は調べていないと明言しているようなものだ。知っていれば、このような一文や議論が飛び出ようはずもない。

2年以上にわたる査読と論文修正の中、遺伝子改変マウスは増えたけれども、この点はついぞ改善されないままだった。多角的な視野が必要とは、そういうことである。論文というのは、ただ面白い結果が出ればそれでいいわけではないはずだ。なんのために、それを調べたのか。自身が得た結果は、これまでの知見の蓄積の中で、どのような位置に当たるものなのか。それを正しく議論する必要があると私は思う。

尾のないネコの不思議

先の論文で原因遺伝子とされた *TBXT* に関して、これまたしっぽにまつわる興味深い研究成果を紹介したい。「尾のないネコ」として有名なイギリス発祥の品種に、マンクスというネコがいる（図4-9）。この短尾ネコの原因遺伝子も実は *TBXT* だと言われている（ただし上記の論文で示されていたのとは別の種類の変異）。

そもそもこの遺伝子自体が、マウスのしっぽが短くなる突然変異として探知された遺伝子だ。別名である*Brachyury*はギリシャ語のbrakhus（短い）とourà（尾）という2語から生まれていて、名実ともに「短尾遺伝子」なのである。

　このように、*TBXT*は色々な生き物で短尾形質に関わることが知られる遺伝子なので、

図4-9　マンクス

しっぽの短い生き物を見ると、ついこの遺伝子との関わりを疑ってしまいたくなるだろう。だが、必ずしも全ての短尾形質に*TBXT*が関わっているわけではない。実は、同じネコであっても異なる遺伝子がきわめて短いしっぽの形成に関与していることが判明している。

　少し脱線するが、皆さんは「東海道五十三次」をご存じだろうか。東京の日本橋から京都の三条大橋に至る東海道上に存在する宿場の風景や習俗を描き出す浮世絵シリーズで、歌川広重や葛飾北斎《かつしかほくさい》の作品群が代表例である。だが、このパロディで「猫飼好五十三疋《みょうかいこうごじゅうさんびき》」という作品があることをご存じの方は多くないだろう（図4‐10）。猫好きな歌川国芳《くによし》が53匹のネコを洒落っ気たっぷりに生き生きと描

図4‐10　歌川国芳「猫飼好五十三疋」　写真提供：（公財）アダチ伝統木版画技術保存財団

いた浮世絵である。

ここで特筆すべきは、描かれているネコたちの多くが、短尾であることだ。

こうした日本猫由来の品種の一つであるジャパニーズボブテイル（図4‐11）の原因遺伝子は、なんと*TBXT*ではない。2016年に発表された論文によれば、彼らの短尾形質は*HES7*という規則的な体節形成に関与する遺伝子が原因であるらしい。

アジアの短尾ネコ品種では、マンクスのような*TBXT*遺伝子の変異が見られず、代わりに規則的な体節形成に異常が生じることにより尾椎数が減少したり、椎骨形成に異常が生じ、短尾やカギしっ

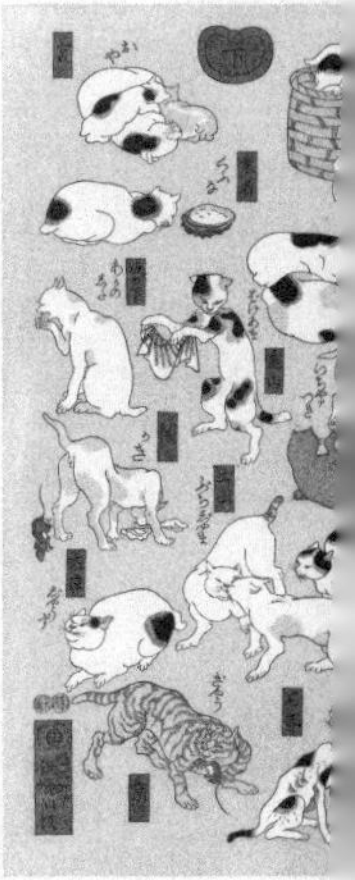

ぽが起きるそうだ。こうした*HES7*遺伝子の変異は、ネコ以外でもマウスやイヌで類似の形態を引き起こす。*HES7*がアジアネコの短尾形質に寄与していることは間違いないのだが、ただ、*HES7*遺伝子の変異単独では説明がつかない事例もあるようで、原因の完全解明とまではいかないと、この論文は締めくくっている。

同じネコという種、かつ同じ短尾という形質であっても、ヨーロッパとアジアの品種では原因遺伝子が異なるというのはなんとも興味深い話である。いずれもゲノムを比較するというアプローチから見えてきた結果であり、これからさらに異なる手法での検証を加えることで、よりしっぽの不思議に迫りうる可能性を秘めていそうである。

図４-11　ジャパニーズボブテイル

第5章

しっぽと人文学

〜しっぽから読む「人」への道のり〜

しっぽにまつわるエトセトラ

ここまでの章では、しっぽに対して人類学や形態学、発生生物学といったいわゆる生物学的な研究手法を用いて向き合うことで、我々がどのように「ヒト」という生物になったのかを知ることができそうだという話をしてきた。

しかし、現在の我々は生物学的に「ヒト」であると同時に、人間性あるいは人間特有のものの考え方を備えた「人」でもある。第1章でも述べたことではあるが、私はこの「人」の成り立ちを知るのにも、しっぽが非常に重要な鍵を握っていると考えている。

「人」の成り立ちは、決して骨や筋肉のかたち、ゲノムからは垣間見ることができない。人間性というのは確かに存在しているはずなのに、しっかりとこの手に掴むことができない不可思議な存在である。私は、「人」が残してきた歴史文献や考古遺物、絵画など幅広い資料に見られるしっぽの表現とその変遷を見ることで、「人」への道のりをなんとか解明できないかと日々苦心している。

こういった研究について紹介すると、大体2種類の反応が返ってくる。一つは、私と同様にワクワクが刺激され、面白そうだと目を輝かせるパターン。もう一つは、いかにも拒絶を示すように固く腕を組み、こちらをバカにしたようにフンと鼻を鳴らすパターンである。これはとくに、自分が従来の○○学に精通していると自負するクラシックなタイプの研究者に見られることが多い。こうした研究手法は、伝統ある研究様式ではない。一つのところに定まらず、あれこれ研究し、様々な資料から自分好みのストーリーを創作して面白おかしく話すだけだろう、と。実はこれ、驚くべきことに私が実際に、しかも割と最近に言われたことなのである。

繰り返しになるが、一つのことを極め抜けることは本当に素晴らしい。伝統的な研究手法の重要性も、重々承知している。だが、それは多様な角度でものを見ることの重要性を軽視することにつながってはいけないと私は思う。研究手法を変えれば、見える景色は異なってくる。様々な景色が見たい場合には、ときに色々な研究手法を駆使する必要があるのである。

◎ あなたはどんな「ひと」？

さて、ここまでこの本を読んでくれているページの向こうのあなたは、どんな「ひと」だろう。たとえば、この本を書いている私という人間のことを考えてみよう。読者の皆さんから見て、私は「書き手」である。私を雇っている京都大学から見れば、私は「研究者」または「教員」であるし、家に帰れば私は「妻」でもある。私はときに「患者」にもなるし、「お客様」であるときもある。

書き手、研究者、教員、妻、患者、お客様。これらは全て、私という一個体のことを指している。私は、どこに行っても、誰から見ても、どのタイミングでも、「研究者」や「妻」であるわけではない。これは私という一個体をどの角度から見ているかという違いである。どの要素も私であるが、これらの要素一つで私ができているわけではない。

これは、人間以外に対しても同じことである。日本語話者である皆さんならば、富士山という山を知っているだろう。富士山を思い浮かべてほしい。どんな姿が浮かぶだろうか。

ちなみに私は、富士山に登ったことがない。幼い頃はよく学校行事で奈良の生駒《いこま》山に登っ

神奈川沖浪裏

山下白雨

諸人登山

甲州三坂水面

図5-1　葛飾北斎「冨嶽三十六景」に描かれたさまざまな富士山

ていたが、なぜ登らねばならないのかと思いながら足を進めていたから、あまり楽しくなかった。中学生になって大阪・奈良の金剛山に登った際には、あまりの辛さにもう山など登るものかと心に決めた。その後自分の中の禁を破り、付き合いでしぶしぶ奈良の若草山や京都の大文字山にも登ったことはあるが、妄想しながらでなければとても登り切れそうになかった。それくらい私は山登りが苦手なので、山には詳しくない。どうか山登りには誘わないでほしい。

だが、「冨嶽三十六景」という浮世絵を知っているだろうか（図5-1）。かの有名な葛飾北斎が描いた浮世絵シリーズである。三十六景と呼ばれるが、実際のところ全部で46枚の富士山の絵がある（10枚は裏富士）。あまりに著名な波間に小さく見える富士「神奈川沖浪裏」をはじめ、赤富士と呼ばれる「凱風快晴」、黒富士「山下白雨」。あるいは空に機嫌よく上がる凧の遥か遠景に覗く富士や馬が越えゆく峠道から望む富士、江戸の街中から見える富士など実に様々な富士山の姿が表現されている。中には先ほど述べたような登山道の姿「諸人登山」や凪いだ湖面に映る逆さ富士「甲州三坂水面」なども収録されている。同じ山でも、見る場所や高さが異なれば、こんなにも違って見えるのか、と北斎の視点の多様さにはただただ頭が下がる。

そしてこうも思う。これが真理であると。何ごとも、その一面が全てではないのである。

白眉で博尾

私は今、京都大学白眉センターというところに所属する研究者である。

白眉というのは『三国志』の故事（「蜀書・馬良伝」）に由来する言葉である。三国時代、馬氏の五兄弟は全て優秀な人材だったが、とくに眉の中に白毛があった四男の馬良が最も優れていたこと（「白眉最良」）から、この上なく傑出している人間や物を「白眉」と呼ぶようになったという。

　手前味噌で恐縮だが、この故事に倣い、京都大学が将来有望だと太鼓判を押した若手研究者が「白眉研究者」ということになっている。文系・理系の壁や、従来の〇〇学という仕切りに縛られたくなかった私は、２０２１年の10月から運良くこちらに職を得ることができた。そして、私の目指すしっぽ学を本格的にスタートさせられたわけである。

　私が所属する白眉センターは白い眉と書いて白眉だが、私個人としては、博《ひろ》くしっぽのことを知り、しっぽで世界を知るしっぽ博士「博尾《はくび》」を目指そうと企んでいる。そこで、白眉センターの研究者となってからは、これまで行っていた生物学的な研究手法に加えて、「人」を知るためのしっぽ表現収集に着手したのである。

失くしたしっぽへの郷愁？

　この本をここまで読んでくださった皆さんは、私がしっぽの狂人であることをもうよくご存じであると思うが、しっぽが気になる人間というのは何も私だけではない。その証拠に、しっぽにまつわる民話や神話というのは古今東西たくさん存在している。

最も多いしっぽの話というのはおそらく、「〇〇のしっぽは、なぜ短い?」という民話の類だろう。ヒト以外の動物に関する話なのだが、他の動物とは違って、なぜそれはしっぽが短いのかという実に本質的な疑問に基づいている。一例として、我が国日本に伝わる「猿の尾はなぜ短い」という話を紹介したい。これは著名な民俗学者・柳田國男氏が編纂《へんさん》した『日本の昔話』に収録されている。私なりの注釈を加えた簡単なあらすじがこちらだ。

むかしむかし、現在では我々の親指程度の長さしかないニホンザルのしっぽであるが、かつては、なんと60m近く(33尋《ひろ》)もあったそうである。今では想像もつかないほど長かったというくらいに理解しておこう。さて、そんな長いしっぽを持つ「猿」はどうやら魚が好物らしく、ある日、友人である「熊」を訪ねてこう相談する。

「どうしたら魚をたくさん獲れるだろうか」

友人がしっぽの短いクマである点が、なんとも憎い配役だと私個人は思うのだが、それは一旦置いておくとして、「熊」はこう答える。

「今日みたいな寒い日の夜にその長いしっぽで釣りでもすればいい。きっとよく釣れるだろう」

「熊」の本心は熊にしか分からないが、長いしっぽを羨《うらや》む心もあったのだろう。一方、いいことを聞いたと「猿」は、いそいそと釣りに出かける。しっぽをたらりと水中へ垂らし、寒中じっと待つ。だんだんとしっぽが重くなってきたので大漁だとしっぽを引っ張ると、ぶちり。しっぽは根元からちぎれてしまったというわけである。さらには、現在のニホンザルの顔が赤いのも、このとき懸命にしっぽを引いたからだという追記までされている。

ニホンザルという生物の目につく形態的な特徴を一つの話で二つも説明してしまうのだから、もう感心しかない。ニホンザルのしっぽの短さは、我々日本人にとってよほど印象的だったのか、これとは別に「ふるやのもり」という民話にも、しっぽが根元からブツリと切れてしまうバージョンがある。

では、我々の祖先である約１５５０万年前のナチョラピテクスも、しっぽ釣りによってしっぽを失くしたのかと言われると、もちろんそういうわけではない。これはあくまで民話であり、生物学的に妥当な仮説ではない。

だが、大事なのはそういうことではなく、この手の話が世界中に存在することだ。ほとんど同じような作りの民話が、たとえば、欧米では「クマのしっぽはなぜなくなったのか」「キツネのしっぽは……」と動物種を変えて見られるのだ。

こういった民話を目にすると、人が相対する存在を認識する際に、しっぽの有無や長さに注視していた可能性が見えてくる。ヒトには通常しっぽがない。けれど多くの非ヒト哺乳類にはしっぽが生えている。だからこそ、しっぽの極端に短い非ヒト動物を見れば「なぜ」と感じ、それをこうした物語に仕立て上げたのではないだろうか。

そしてこの可能性は、後述する「しっぽの生えたヒト」の表現にも通じるところがあると、私は考えている。

◎しっぽの生えたヒト、ふたたび

先ほど紹介した動物の民話に加え、しっぽが生えたヒトに関する話も世界中に存在している。実際にはこれまで再三再四お伝えしてきたように、生物学的なヒトにはしっぽがないにもかかわらず、である。想像から創造できるのは人の特技であるかもしれない。

ただし、そこにどういう意味を持たせているのかというのは、文化の違いに非常に大きく影響される。たとえば、先述した先天異常 Human tail についても、症例を集めている際に興味深いことに気がついた。しっぽのようなものが生えるという症状が現れた患者家族の反応が、国あるいは文化圏によってかなり違うようなのである。

たとえば、１８９４年に発表されたアメリカ・メンフィスでの症例報告では、新生児にブタのようなしっぽが生えていることを父親がひどく残念がり、すぐに切ってくれと嘆願したと述べられている。その他１９３２年にイギリスでも Human tail の症例報告があるが、こうした古い症例ではしっぽ状の突起は悪魔の子孫である印や誰かの呪いによるもの、あるいは母親がブタのしっぽをひっつかんだからといった説明がなされていた。

もちろん十把一絡げに論じることはできないが、キリスト教文化圏においてはしっぽ、とくにブタのしっぽというのは、あまりよいものではないらしい。以下は科学的な論文ではないのだが、１９６７年に発表されたガブリエル・ガルシア・マルケスの小説『百年の孤独(Cien Años de Soledad)』では、長期にわたり繰り返される近親婚の影響で、ブタのしっぽ

図5-2　ミケランジェロ「聖アントニウスの苦悩」

が生えた子どもが生まれることがストーリー上の重要な鍵となっている。また、もう少し最近の話では、1997年に発表されたJ・K・ローリングの小説『ハリー・ポッターと賢者の石（Harry Potter and the Philosopher's Stone)』でも、主人公をいじめるダドリーという人物に対し、別の登場人物であるハグリッドがブタのしっぽを生やす魔法をかける場面が見られる。

小説以外にも、たとえばルネサンス期の宗教画（図5-2：ミケランジェロの「聖アントニウスの苦悩（Tormento di sant'Antonio)」など）を見ると、悪魔にはしっぽが描かれるが、天使にはしっぽがない。フランス語にも「悪魔のしっぽを引っ張る（tirer le diable par la queue)」という言い回しがあり、どうやら天使は堕天するとしっぽが生えるらしい。あくまで傍証《ぼうしょう》にすぎないが、しっぽに関する表現を集めれば集めるほど、少なくともルネサンス期以降のキリスト教文化圏では、しっぽはどちらかというとネガティブな存在であるという印象が強い。

だが一方で、ヒンドゥー教文化圏におけるしっぽのイメージは180度異なるようである。先ほどから述べている先天異常 Human tail の症例の一つに、子どもに生えていたしっぽ状突起の切除術を両親が渋ったというケースがあった。両親は、我が子をヒンドゥー教神の一柱であるハヌマーン神（サルの姿をしている）の化身であると考えていたという。

このように、同じしっぽという対象であっても文化圏、とくに宗教観が違うと、その指すところが大きく異なる可能性が高い。そういった認識の違いや変遷こそが「人」を知る手がかりになると私は信じている。

だが、あまりにかけ離れた文化圏であると分析材料を集めるのに途方もない苦労を要する。そこで私は、まず馴染み深い母国・日本におけるしっぽの概念について考えるところから着手している。日本における「しっぽの生えたヒト」表現の初出はどこか、探していく中で幸運にも辿り着いたのが最古の正史『日本書紀』だった。

◎『日本書紀』とは

何をどうやって『日本書紀』に行き着いたのか、詳しい経緯は覚えていないが、頭の片隅にずっと「『日本書紀』にはしっぽの生えたヒトに関する記述があったような気がする」というおぼろげな記憶があった。

大学時代に受けた授業で知ったのか。あるいは飲み会のときに誰かに聞いたのかもしれない。かなり曖昧な記憶ではあったが、もしそれが確かなら『日本書紀』はしっぽの生えたヒトに関する世界最古級の記録に違いない。

ならば一度きちんと読んでみよう。そう思い立ったはいいものの、当初はどの文献から読み始めればいいのか、どのように研究を進めたらいいのか皆目見当もつかなかった。２０２１年の秋、またも新たな大海に放り出されたかたちで、『日本書紀』と私の付き合いは始まったのだった。

普段暮らしている分には全く気づかないことなのだが、我々の国、日本には実は非常に多くの古い文字資料が残されている。中でも、古代日本について知ろうというときに最も根幹となる文献資料が六国史と呼ばれる六つの歴史書である。これらはいずれも当時の天皇が編纂を命じた勅撰《ちょくせん》の文書であり、日本の正史である。

その中で最も古いのが、奈良時代720年に完成したと言われる『日本書紀』なのだ。神代という建国神話のパートと初代天皇（神武天皇）から持統天皇に至る41代分の天皇系譜と事績についての記録から成っている。我々が日本史の授業で習うような、たとえば蘇我馬子や小野妹子といった人物や、蘇我氏が打ち倒された乙巳《いっし》の変などは全て『日本書紀』に残された記録である。

『日本書紀』は古代日本の歴史を明らかにする上で中核をなす重要な史料であり、東アジア史の視点においても高い価値を持つ史書である。これまでは、主に日本史や国文学的分野において扱われてきたので、『日本書紀』といえば、いわゆる文系の研究対象だと一般的に考えられていることだろう。だが、『日本書紀』の中には天皇の事績のみでなく、自然科学的な記述も数多く見られるのである。

たとえば、地震や大雨、嵐をはじめとする災害記録、日蝕や月蝕、金星や木星といった惑星の運動にハレー彗星などの天文記録も非常に多く収められている。推古天皇の治世には、赤いオーロラが目撃されたという記録もある。こういった記録は決して全てがおとぎ話というわけではなく、実際に観測して得た現象であったことが現代の天文学やオーロラの研究者によって明らかにされている。

もちろん全部が全部観測事実というわけではなく、一部の日蝕記録は日本では観測できなかったもので、中国の文献由来だろうということも分かっている。ただ、今から1300年も前の時代に、地震が起きたから記述しておこう、星の動きを読み解こうとした先人の営みを知るにつけ、ただただ素晴らしいと感じる。こうした自然に関する記録というのは、当時の国家にとっては運営に関わる重大事だと考えられたため、国史にしたためられたのである。『日本書紀』が編纂された8世紀、大陸には強大な帝国が存在し、そこに隣接する朝鮮半島は治乱興亡の時代だった。大国の脅威を日々肌身に感じながら、日本という国を維持していた朝廷にとって、自然界に散らばる様々な現象はときに吉兆、ときには凶兆として国家運営に関する指針を与えてくれるものだったのである。

『日本書紀』中に綴られた自然記録には、災害や天文にとどまらず、ヒトや動物についてのものも多く見られる。そんな『日本書紀』の中でも、初代天皇・神武天皇の事績を書きつけたパートに私の探していたしっぽに関する記述はあった。

古代日本にしっぽの生えたヒトがいた?!

天皇が天皇として即位する前のストーリーを即位前記という。初代天皇・神武天皇の場合、彦波瀲武鸕鷀草葺不合命《ひこなぎさたけうがやふきあえずのみこと》と玉依姫《たまよりひめ》という神々の子として生まれた実名・彦火火出見《ひこほほでみ》という青年が、日向の高千穂を出発し、ときに不思議な人々に出会い、ときに立ちはだかる敵を打ち払いながら進み、奈良の橿原《かしはら》宮で即位するまでのドラマチックなストーリーである。今風に平たくいえば、国勢調査と平定の旅であるのだが、その過程で立ち寄った奈良県吉野地方で即位前の神武天皇はしっぽのあるヒト2人と遭遇される（図5-3）。

天皇が吉野に着いてすぐに出会われたのが、井戸の中から現れたヒトであったという。しかも、体は光っている上、しっぽも生えている。「お前は何者だ」と問われる天皇。実に当然の問いである。そうすると、そのヒトは「自分は国つ神で、井光《いひか》という名前です」と自己紹介をした。そこから少し進んだところで、またしっぽの生えた別のヒトが今度は巨岩を押し分けて登場する。「お前は何者だ」と問われる天皇に、「自分は磐排別《いわおしわく》の子です」と答えたという。このしっぽが生えた2人についてはその他に、井光は首《おびと》、磐排別の子は国栖《くず》と

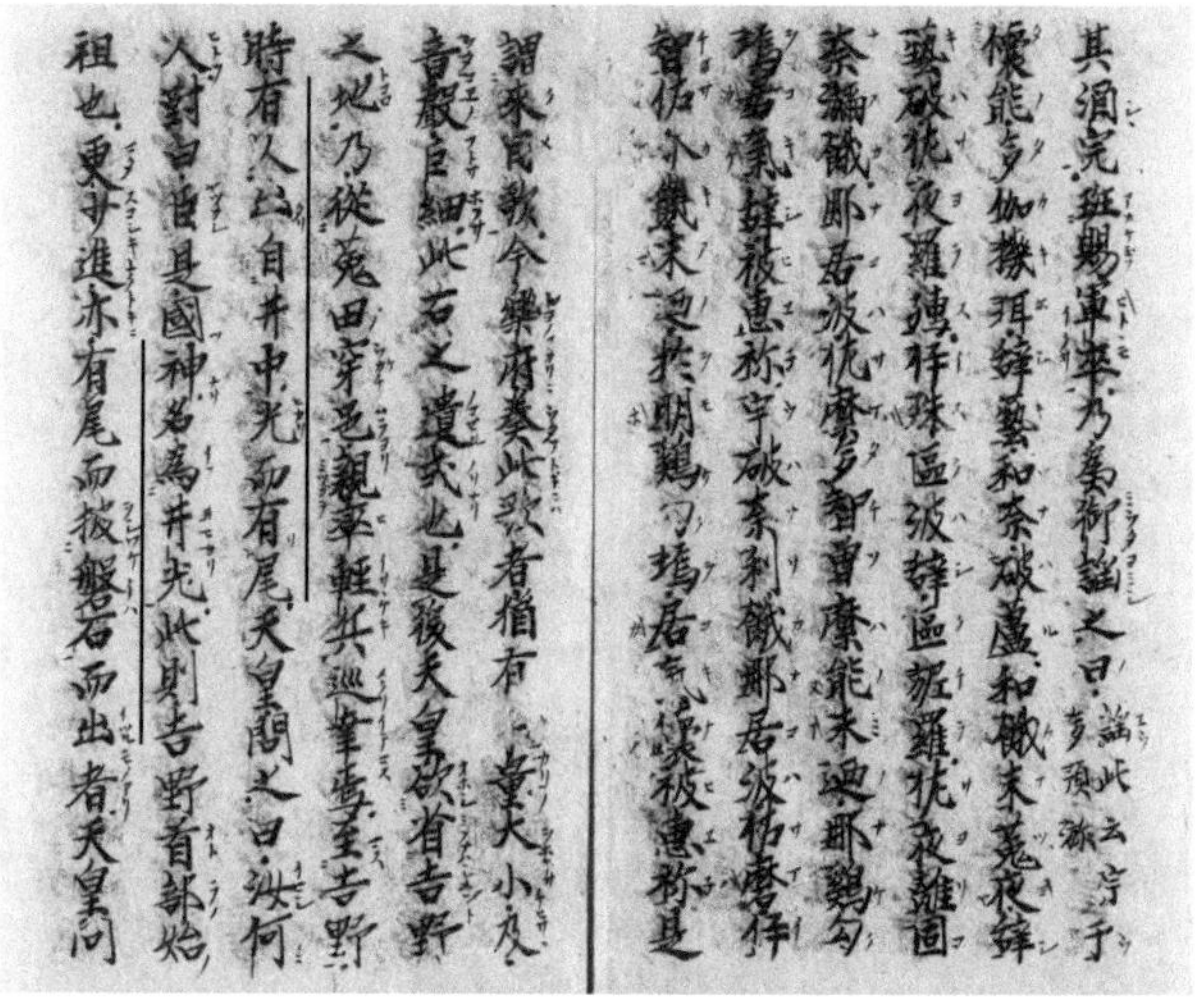
其酒宴斑賜軍卒乃爲御謡之曰 謡此云宇多預瀰
儾能多伽機珥辞藝和奈破蘆和餓末菟夜辞
藝破佐夜羅孺伊殊區波辞區旎羅佐夜離固
奈瀰餓那居波佐麼多智曽麼能未廼那鶏句
塢居氣辞被惠祢宇破奈利餓那居波佐麼伊
智佐介幾未廼於朋鶏句塢居氣儾被惠祢是
謂來目歌今樂府奏此歌者猶有手量大小及
音聲巨細此古之遺式也是後天皇欲省吉野
之地乃從菟田穿邑親率輕兵巡幸焉至吉野
時有人出自井中光而有尾天皇問之曰汝何
人對曰臣是國神名爲井光此則吉野首部始
祖也更少進亦有尾而披磐石而出者天皇問

図5-3　『日本書紀』に出てくるしっぽの生えた人　線を引いたところがしっぽの生えたヒトに関する記述。引用）貴重図書複製会 編『日本書紀：国宝北野本』巻第3, 貴重図書複製会, 昭和15-16. 国立国会図書館デジタルコレクション https://dl.ndl.go.jp/pid/1142332

いう吉野地方の氏族の祖であるという説明書きもなされている。

どちらもただしっぽがあるだけではなく、体が光ったり、異様に力持ちである、といった超人的な性質を備えている。巨岩を押しのけられる怪力というのはありえない話ではないかもしれないが、体が光るというのは現実的には少々考えにくい。この2人が地方の氏族の祖であるという記述も併せて考えると、こうした超人的な表現は他の事象の比喩であり、真実の叙述ではないと捉えるのが妥当だろう。

しっぽについても、従来の研究者はやはりそのように考えており、とくに吉野地方の国栖という氏族に関する『日本書紀』中の他の記述に基づいて（山で暮らす民であるという記述が別の天皇紀にある）、腰から何かぶら下げた衣装を指しているのではないか、といった説も唱えられている。

私も基本的には比喩であるとする説に賛成だ。だが、少しだけ、ほんの少しだけ引っかかることがある。光る体と違って、しっぽが生えるという事態は先天異常によってありうる話なのである。

もしかしたら、しっぽ以外の身体特徴についても同様の例があるのではないかと私は考えた。一見、何かの比喩であって真実でなさそうな表現のようでも、従来の歴史学や国文学とは異なる視点から見てみると、実のところ現実的にはありうるといったような記述が。もし古代の史料である『日本書紀』の中にそうした先天異常の記述が含まれているとしたら。それは先天異常の研究にとっては大変すごいことなのである。

『日本書紀』に書かれていたしっぽのあるヒトを意味する「有尾」。このたった2文字が、私にまた新しい研究の扉を開いてくれた。先天異常という視点から、この貴重な史書を一度きちんと読み直してみようと私は思い立ったのである。

しっぽが導く新たな世界

そもそも先天異常とは、出生前に生じる形態的または機能的異常を指す。世界保健機関（WHO）の報告によれば、全世界の新生児の推定6％がなんらかの先天異常を有しており、数十万人の関連死が発生しているという。

今でこそ当たり前に耳にするようになった先天異常であるが、体系的な研究が始まったのは1960年前後に生じたサリドマイド事件以降と至極最近のことである。サリドマイド事件では世界中で1万人もの患者が発生したことから、母親が妊娠中に内服した薬剤が胎児に先天的な形態異常を発症させるリスクが知られるようになった。これを契機に、先天異常の症例ならびにその要因に関する研究が進行。1960年にアメリカで、その翌年に日本で、先天異常学会が設立される運びとなった。近年では発生生物学や分子生物学、ゲノム解析技術の発達に伴って、環境要因だけでなく、胎児の遺伝的要因によってその他多くの先天異常が引き起こされることも判明してきている。

だが、体系的に研究され始めた1960年代以前におけるヒトの先天異常の実態、すなわちどういった症例がどの程度生じているのかといった内容については、医学系の論文誌に掲載された症例報告を収集していくことでしか把握することができない。たとえば、私が追っていた先天異常 Human tail を見てみると、最古の症例報告は１８８１年のものである。それ以前のことは、どう工夫しても分からない。

こうした一見して正常でないと判断できる症例や、致死的な異常については１９６０年代以前であっても複数の報告例が存在するものの、誌上では成人での病状や症例報告の方が多く、先天異常の実態把握は１８００年代以降のことでさえ非常に困難な状態である。そのため、それよりもさらに前、近代西洋医学が普及する以前の先天異常の実態解明はほぼ困難だろうとされてきた。

だが、そこに一条の光を投げかけたのが、『日本書紀』に登場したしっぽの生えたヒトに関する記述だったのである。私はしっぽの発生を研究しているうちに、先天異常 Human tail について調べるようになり、さらに先天異常の研究史を知ったことで、『日本書紀』をはじめとした古代の史料が秘める可能性に気がついた。まるで、わらしべ長者のような成りゆきである。

『日本書紀』は古代のカルテ?!

「○○の遺伝子の発現を知るために *in situ* hybridization 法を実施しました」と言われても、実際にどのような実験を行ったのか、多くの人はピンと来ないだろうが、「古代の先天異常を知るために『日本書紀』を読みました」と言うと、言葉として意味は通じる。

だからなのか、そういった経験のない方からは「ただ本を読んだだけで研究になるなんて気楽なもんだ」と言われたりもする。あるいは「あなたは文学部出身なんだから、『日本書紀』を読むくらいお手の物だろう」と言われたこともある。

だが実際のところ、『日本書紀』を読むのは私にとってはなかなか大変な作業だった。

そもそも、文学部を卒業したからといって自動的に『日本書紀』が読めるようになるわけではない。大阪府出身だからといって全員が愉快な人間ではないのと同じである。私にとって今回は、『日本書紀』と本気で向き合う初めての機会であった。

当然、やり方も一から学んだ。『日本書紀』の原本というのは残念ながら現存していない。

だが、完成直後からその重要性は理解されていたようで、宮中では繰り返し書写が行われてきた。そういった古写本がいくつか今日に残存しているわけなのだが、そのままを写し取れる現在のコピー機とは違い、当時はなにせ手書きである。膨大な量の字を書き写しているうちに、写し間違いが生じることもある。そうして、書写の書写を繰り返していくと、写本間で表記の違いが発生し、ひいては文意に違いが生じてしまう可能性もある。

それ以外にも、長い時間を経る中で、たとえば虫食いによって字が失われてしまうこともある。そのため、自分が読んで解釈した内容が本当に元の通りの意味なのかどうかを判断するには、現存する複数の写本を見比べなくてはいけない。幸い、国宝や重要文化財に指定されているような写本であっても今日ではオンラインで公開されていたり、写真が出版されていたりする。こうしてPCの画面や図書館の紙面と幾度も睨めっこを繰り返しながら、じわじわと読み進める日々が続いた。

今回の研究ではヒトの先天異常を探すのが目的だったため、登場人物がヒトではなく神である建国神話の部分は除き、天皇即位後の歴史を通読することにした。ヒトの身体特徴に関する記述を収集していくと、33例もの不思議な文章を発見することができた。さらに驚くべきことに、その中のいくつかは、「生まれついて〇〇という特徴があった」と明記されており、先天的な異常だとしか考えられないような記述だったのである。そして、共同研究者であった現役医師でもある医学部教授と協力して、登場人物への問診作業を進めていった。

細かい話はここでは割愛するが、明確に先天異常だと診断できた記述には、形態的な異常と機能的な異常の両方が含まれていた。『日本書紀』という史料の性格上、天皇やその家族に関する記述は当然多いのだが、非天皇家の人々に関する文章も見られた。以下ではいくつか、印象的だった例をご紹介したいと思う。

もちろん、『日本書紀』に登場する人物の全てが実在であったかは不明である。だが、そういった話の背景には類似した症例を見知っているという事実があった可能性はある。史料をそのままそっくりカルテに読み替えることはできない。だが、慎重に考えていくことで十分なヒントを与えてくれるものだと私は考えている。

かたちの異常：応神天皇の腕

形態的な先天異常である可能性が高いと判断したのは、第15代応神天皇に関する記述である。天皇には「生まれつき、腕に鞆のような肉があった」とされている。鞆《とも》というのは、弓を使うときに前腕（右利きならば左腕）につける装具のことを指す（図５‐４）。

少々脱線するが、後世、応神天皇は八幡神として神格化され、武勇の神として武士の信仰を集めた。応神天皇は弓の名手であるとされるのが由縁であるが、その根拠はこの「生まれながらにして」余剰組織を腕に備えていたという『日本書紀』の記述である。

さて、もう少し詳しく『日本書紀』を読み進めると、応神天皇は１１０歳で崩御されたということになっている。治世としては41年。こうした数字そのものの信憑性は定かでないが、長命でかつ長く安定した政権を維持したと考えるのは妥当だろう。そうした記述から、先天的な腕の肉塊が致死的な悪性腫瘍であった可能性は除外できる。

そこで候補となったのは、血管の形態異常（vascular malformation）だった。これらは前腕をはじめとした四肢

図５‐４　鞆とは　矢じりの先が鞆。引用）藤原光長 繪『[年中行事絵巻]』[8],[谷文晁][写],[江戸後期]. 国立国会図書館デジタルコレクション https://dl.ndl.go.jp/pid/2591106

によく発生することが知られていて、かつ致死的なものではない。様々な種類が確認されていて、中には患部に痛みを生じるケースもある。だが、応神天皇の場合は在位期間中に、好んで狩を行われたとの記述が存在するのを私は見落とさなかった。獲物がたくさんいたという淡路島はとくにお気に入りのスポットだったようである。弓を射るとき、もし前腕に痛みがあったなら、狩は楽しめないに違いない。痛みのない肉の塊となると、リンパ管の形態異常(lymphatic malformation)の可能性が極めて高いと、我々は考えた。

『日本書紀』では応神天皇の腕に肉が生じた原因について、天皇の母、神功《じんぐう》皇后の勇ましさを挙げている。急死された夫・仲哀《ちゅうあい》天皇の遺志を継ぎ、身重の体でありながら武装し、男装して戦に臨んだという神功皇后の勇ましさに似たのだろう、と書紀の編者は綴っている。

不安定な時勢の中、カリスマ性をもって長く国を治められたであろう応神天皇。国政を執る合間に関西人にとっては馴染み深い淡路島での狩を好んだ応神天皇。そんな姿を思い浮かべてみると、きっとさぞ「ますらを」であられたことだろうと妄想もはかどる。同時期に完成した『古事記』に比べ、つまらないと言われることもある『日本書紀』であるが、私は読んでいて面白くてたまらない。当時の人々の姿や生活が、ありありと思い浮かぶのである。

働きの異常：話せなかった皇族たち

『日本書紀』の記述に見られる先天異常は何も外見の異常にとどまらない。機能面に異常があるという記述もいくつか見つけることができた。その中で最も目立っていたのが、「話せない」という2例の記述で、これはいずれも天皇家に縁深い人物に関するものだった。

第11代垂仁《すいにん》天皇の息子である誉津別王《ほむつわけのみこ》は、生まれたときから口がきけなかったという。30歳になって髭が生えても、赤ん坊のように泣いてばかりいたそうだ。天皇も息子の様子を気に病んでおられたのだが、転機はある日突然訪れる。白鳥を見た皇子が「あれ何？」と突然話したのである。天皇も大喜びである。その後、皇子は白鳥を遊び相手にしているうち、最終的には話せるようになったという。

もう一例は、乙巳の変の中心でもあった第38代天智天皇の息子、建皇子《たけるのみこ》に関してである。建皇子も生まれつき口がきけないと明記されていた。彼に関しての記述は決して多くなく、その次に表れるのは彼が8歳で夭逝《ようせい》したというものだった。祖母である第35代皇極《こうぎょく》天皇（第37代斉明天皇と同一人物）はひどく心を痛められたという。

これらはいずれも天皇家の人々であり、かつ話せないという類似の症状を示すのであるが、医学的な観点で読み解いてみると原因が異なるように考えられた。話せないと一言で言ってもその理由は様々で、声を出したり発音したりする器官に問題が生じる場合と、発声器官に問題はないが、言葉の理解や使用に問題が生じる場合とがありうる。

そうした観点でこれらの記述を読み直してみると、最初に紹介した誉津別王の例では「赤ん坊のように泣いてばかりいる」という表現から、おそらく発声器官には問題がなく、言葉を使用するという点に問題があるように見受けられる。その状態で成人まで生存した彼は、白鳥という特定の対象に興味を抱くことによって話せるようになる。これらの特徴を総合すると、こうした症状は自閉症によって引き起こされている可能性が高いと我々は推察した。自閉症ならば、成人まで成長していること、発語障害を引き起こすが、話せるようになる可能性のあること、特定の対象に強い執着を示すことなどが説明できるのである。

一方で、建皇子の場合は「話せない」という記述があるのみで、発声と発語のどちらに問題があったのか分からない。加えて誉津別王との大きな違いは、話せるようになる前に8歳で亡くなったことである。「美しい心であったために」、祖母である皇極天皇に愛されていたことは分かっているが、死因などには一切言及されていない。古代は現代に比べて幼児の死亡率が高かったことも想像に難くない。加えて、話せなかったという特徴と夭逝に関連があったかどうかも不明である。

だが、もしこの二つの事象に関連があったとするならば、彼は重度の精神遅滞（知的障害）を患っていた可能性も考えられる。精神遅滞を併発する小児の病気で夭逝の原因になりうるものはたくさん存在することが知られている。あるいは先天的な異常ではなくとも、後天的に小児脳梗塞により、言語野が障害を受けたために話せなくなったという可能性も考えられるが、書紀中の記述だけでは病因の特定は不可能であった。

非現実的な異常

ここまで紹介したのは、現代医学の観点から無理のない診断が下せるような記述についてであった。だがもちろん、『日本書紀』の中には現実的にはありえないような身体記述も存在していた。

たとえば、第14代仲哀天皇の皇后、第15代応神天皇の母であり、仲哀天皇の死後に国を維持された神功皇后の治世についての箇所では、羽白熊鷲《はじろくまわし》という人物についての記述がある。名前通り強健な人物で、なんと体に翼があったという。しかも飛ぶことができるし、空高く翔ける。この人物は皇命に従わず略奪を繰り返したために、朝廷に討たれることとなった。

翼というのは鳥類の前肢に相当する部分であるので、上肢を備えたヒトにプラスαで翼が生えるというのは、もう一対変形した前肢構造があるのと同じことである。単純に四肢の数が多いという異常ならば存在するが、一対が翼状となる先天異常は、今のところ確認されていない。

実際に翼があったのではなく、翼のように見える構造があったと解釈するとしたら、先天異常ではないが、翼状《よくじよう》肩甲《けんこう》という疾患がある。腕を上げると肩甲骨の内側の縁が浮き上がって、天使の翼や折り畳んだ鳥の翼のように見えるのである。ただ、この症例では書紀に記されているような高い運動能力を示す記述とは合致しない。翼状肩甲は、長胸神経麻痺による前鋸《ぜんきよ》筋麻痺、あるいは副神経損傷による僧帽筋麻痺などで引き起こされる。すなわち翼状肩甲が生じているならば、腕を前方に上げる肩関節の屈曲動作が制限され、運動能力はむしろ低下するはずなのである。略奪や、朝廷との争いなどとんでもない。

その他に、近年は漫画『呪術廻戦』ですっかりお馴染みとなった両面宿儺《りようめんすくな》も、実は『日本書紀』の登場人物である。第16代仁徳天皇の時代、飛騨国にいたというこの宿儺だが、一つの体に叛《そむ》きあった二つの顔、手足はそれぞれにあり、足には膝があるが、膝窩《しっか》（膝の後ろの窪んだ部分）がないという不可思議な身体特徴を持つ。力が強く敏捷《びんしょう》で、帯剣や弓矢を持つなど武装の上、天皇の命令に従わなかった。

一つの体に２人分の身体要素を備えているという記述から、これは結合双胎、すなわち一卵性の双生児が胎内で癒合した状態だと考えるのが妥当だろう。この記述のように後頭部が癒合しているという例も、少ないながら存在する。だが、結合双生児の場合、とくに後頭部が重度に結合しているような事例では、双生児両者が成人まで生存する確率は決して高くない。それぞれに武装して朝廷と争うなど、現実的とはいえない。

こうした余剰組織を持ち、かつ身体能力が高いという記述を伴う事例に関して、私は真実でなく比喩ではないかと考えている。彼らは地方で力を持っていた氏族なのではないだろうか。天皇の命により編纂されている『日本書紀』は、どうやっても朝廷側の読み物であり、朝廷の人間にとって、反旗を翻《ひるがえ》す地方氏族は敵であって、強いほど厄介である。こうした強さと厄介さを示す表現として、このような余剰組織が描かれているのではないだろうかと私は考えている。

ここまで紹介してきた『日本書紀』と古代日本の先天異常に関する研究プロジェクトは、しっぽの謎そのものと直接関わるというよりは、しっぽの研究から派生したものであった。つまり、しっぽが私に歴史資料がカルテにもなりうることを教えてくれたのだった。

しっぽの生えたヒトがいるという『日本書紀』の記述自体は、真実の表現というより比喩なのかもしれない。身体特徴ではなく、異なる生活習慣や服装を指すものなのかもしれない。だが、そうした記述があるという事実こそが、先天異常らしい表現の存在を示してくれた。

面白い発見はいつも自分が予想する道の先にあるとは限らない。こうした思わぬ寄り道や発見があるからこそ、研究は面白くてやめられないのである。しっぽの生えたヒトに関する表現は、もちろん『日本書紀』以外の文献にも登場する。現在は、日本やそれ以外の国に登場する表現を引き続き収集している。先天異常なのか、比喩であるならば何を表しているものなのか、近いうちにまとめていければと思っている。

動物のしっぽ

史料や伝承の中には、ヒトにしっぽが生えるパターンだけでなく、ヒト以外の動物でしっぽが変形する話も多く存在する。これについてはまだまだ研究中で、確定的なことは何もいえない。だが、これまでに調べてきた範囲では、動物のしっぽにまつわる話は、大きく2パターンありそうだということが分かってきた。

一つは先ほど紹介した「〇〇のしっぽは、なぜ短い?」というしっぽの退縮に関する説話の類、もう一つはしっぽの本数が増える表現である。

多くのしっぽを持つ動物として描かれるものの中で代表的なのは、キツネやネコではないだろうか。中でも九尾狐（図5-5）は日本だけでなく、中国でも古くからその表現が見られる。また、その他に日本では長く生きたネコが猫又や化け猫に変ずると考えられ、近世の絵画などでは猫又を二又の尾を持つネコとして描くこともある。それ以外に、『古事記』や『日本書紀』には多頭多尾の怪物・八岐大蛇《やまたのおろち》も登場する。

ちなみに、生物学的に考えると多尾というのはほとんどありえない形質である。この本の

図5-5 「怪奇鳥獣図巻」に描かれた九尾狐 引用）成城大学図書館デジタルアーカイブ（http://www.lib.seijo.ac.jp/Kansu/01_kaikichojyu.html）

最初の方で述べたように、しっぽというのは体幹の延長部分であり、中には椎骨や神経、血管、筋肉を備えていなくてはならない。尾部の椎骨が二叉に分かれるという生き物は、この世にほとんど存在しない。唯一の例外は、尾鰭がひらひらとした品種のキンギョくらいである。

せっかくなのでもう少し脱線すると、稀に2本以上のしっぽを持つトカゲやカナヘビ、ヤモリの類が発見されることはある。だが彼らは生まれつき二叉尾なのではなく、彼ら特有のしっぽの自切と再生とがあの状態を生んでいるのにすぎない。トカゲ類のしっぽは、一度切れてしまっても再生することはよく知られている。その際、しっぽが完全に切れなかったり、しっぽが傷ついただけという状況になると、傷口から二次的にしっぽが再生してしまうことがある。それが彼らの2本目、3本目の尾となっているのである。だが、完全に元通りに見える再生尾も、椎骨（硬骨）だけは残念ながら再生できていない。なのでもしも皆さんが野外で、「八岐トカゲ」のようなものを見かけたとしても、それはしっぽに剣どころか椎骨も備えていない可能性があるのだ。

このように、現実的にはほとんどありえないにもかかわらず、我々人はなぜ多くのしっぽを持つ動物を作り出してしまうのだろうか。これはまだあくまで仮説の段階であるが、私はこういった動物のしっぽの表現において、しっぽというものはある種の力の存在として描かれる傾向があると考えている。とくに、我々ヒトの手には負えない自然の力をしっぽに見出していたのではないだろうかと考えているのである。

民話や神話に登場する多尾の生き物には、超自然的な力を持つものが多く、人間に災厄や幸運をもたらすことが少なくない。たとえば、強大な大蛇の怪物である八岐大蛇は毎年出雲国で人間の娘を呑んでいたが、素戔嗚尊《すさのおのみこと》に退治されると、その尾から三種の神器の一つである草薙剣《くさなぎのつるぎ》が出現した。

九尾狐は、現代ではもっぱら妖狐や怪物としての印象を持たれがちであるが、これはおそらく近世に広がった比較的新しいイメージであり、平安時代中期にまとめられた『延喜式』にはめでたい獣・瑞獣として記録されている。九尾狐は中国古代の地理書である『山海経』にも複数登場し、一部の記述では人を食うとされるものの、反対にこの獣を食べた人は邪気に襲われないとも綴られている。キツネ以外にも、『山海経』には多尾の奇怪な動物についての記述が複数存在している。

しっぽの向こうに何をみる？

善なるものにしても悪なるものにしても、複数のしっぽを持つ動物は通常の動物とは異なり、なんらかの力を有していると表現されることが多い。あまり詳しく書くとトンデモ本になってしまいそうなので控えるが、私はこうした空想上の動物におけるしっぽというものが人間を取り巻く自然環境や、人智のおよばない自然災害の比喩として登場している可能性を考えている。ヒトにはない器官のしっぽを持つか持たぬか、あるいはそれを何本持つのかというのが、ヒトの御しえない自然の力の比喩なのではないだろうか。

また、同時に大変興味深いと感じるのは、こうした変形しっぽを持つ動物の表現が古代から我々の生きる現代まで、ずっと存在していること、かつその表現方法に変化があることだ。現代の我々にとって、しっぽは「おそろしい」や「ありがたい」ではなく、むしろ「かわいい」の対象物である。

知識の拡大や技術革新によって、ヒトの御しえる自然の範囲は広がった。人間が野生の獣と接触したり、獣に害されたりする機会も、かつてよりは減少している。自然と人間との距離感が変化し、自然は楽しむもの、動物は愛《め》でる対象へと変化した。これが、しっぽの表現の背後にあるものの変化だと私は考えている。たとえば、かつては瑞獣や妖狐など畏怖の対象であった多尾の狐は、ポケモンの世界では愛らしいキャラクター（ロコン、キュウコン）となり、飼い慣らすことさえできるようになった。

このように、我々「人」が紡いできたしっぽに関する表現を注意深く読み解いていくことで、しっぽの向こう側に我々は何を見てきたのかが分かるのではないだろうか。こういった研究手法では、データを収集し、定量的に評価することは難しい。こうだと断定することも難しい。面白おかしく話を作っている、そう言われかねない研究手法でもあることは十分に理解している。

だが、「人」の成り立ちは「人」が遺してきたものからしか解明できないと私は信じている。しっぽの生えたヒトに関する表現からは、先天異常の可能性の他に、自身と社会的背景や居住地の異なる人間をどう捉えていたかを読み解けるかもしれない。一方で、多尾動物など動物のしっぽに関する表現からは、人間が自身を取り巻く自然環境やそこに生息する動物たちをどのように捉えていたかのヒントが得られるかもしれない。

なかなか一筋縄ではいかないのだが、しっぽというものを描いた歴史・民俗資料を紐解いていくことで、人が人間以外の動物や自分とはかたちの異なる他の人間、そして、人智のおよばない自然環境をどのように捉えてきたのかという、人間らしい認知の変遷が見えてくればいいなと考えている。

ヒトにしっぽを生やすなら?

ヒトにしっぽが生えたなら、というかつての夢物語も現代では様々な技術の進歩により実現することができるようになってきた。だからなのか、

「1本だけしっぽを生やすことができるとしたら、どんなしっぽがほしいですか?」

と、最近よく聞かれるようになってきた。これほどしっぽにまみれた人生を送っている人間なのだから、きっと究極の1本を知っているに違いないと思うのだろう。嬉しそうに尋ね

てくださるのだが、私としてはしっぽのことを知るからこそ、実はなかなか１本に絞れない。そもそも、たくさんしっぽを見てきたからこそ思うのだが、１本あれば満足というような万能のしっぽなど存在しないのである。

もともと、ヒトはしっぽを失くした生き物だ。だから、しっぽがなくてもいいような生活をしているし、人間社会を便利にしてくれている交通機関や休息のための椅子などは、しっぽがない生き物が便利に使えるような構造にできている。ゆえに、変に１本つけ足すと、蛇足ならぬ人尾、文字通り「無用の長物」となるのである。

私にとって真に理想のしっぽとは、数パターンの用意があり、自由に着脱しながら場面に応じて使い分けられるもの。それが、現時点での最適解である。たとえば今の私なら、まずクモザル型のしっぽを１本つけたい。ＰＣで文章を打ち込みながら、コーヒーを飲みたいのである。いちいちキーボードから手を離すと、私の短い集中力はすぐに他所へ移ってしまうのだが、喉は渇く。ものを器用に掴めるクモザルのしっぽがあれば、この本ももう少し早く刊行できたかもしれない。あとは、ユキヒョウやチーターなどのネコ科のしっぽもあれば、高速で走りながらも方向転換が可能になるかもしれず、便利だろう。その他、行列に長く並ぶ必要があるときには、体重を支えて楽ができるようなしっぽもあるといい。

まだ私が研究員だった頃、日本の超一流家電メーカーの方とお話をする機会に恵まれたことがあった。そこで、こうした着脱可能なしっぽ型ツールのアイデアを熱く語ったのであるが、「ははは、面白いですね」とおっしゃりつつも、その後進捗がないという大人の対応をされてしまった。

当時の私は今よりずっと未熟であったし、知識もその披露方法も今よりもっと限定的だったので、先方にとっては単なる奇怪な人間との遭遇であったことだろう。だが、今ならもう少し、このアイデアの面白さを伝えられる気がする。もしこの本を手に取られた方の中で、ご興味を持たれた方がいれば、ぜひ連絡をいただきたい。

近年では、生物のかたちをもの作りに活用しようというバイオミメティクスなども耳にするようになった。とても面白い試みだと思うし、生き物のかたちを見てきた者として強い関心がある。数年前にはしっぽロボットの開発を試みた研究のニュースも目にした。私がこれまで調べてきたしっぽの知識もいつか、ヒトが再びしっぽを手にすることに役立つ可能性は大いにある。きっと適材適所なしっぽを生み出すのに、貢献できるだろう。しっぽはまだまだ大きな可能性を秘めていると思う。

たかがしっぽ、されどしっぽ

先日、京都府内のある中学校でしっぽ学の出前授業を実施した。生徒たちは皆、非常に前向きで、授業が終わってからもたくさんの質問をしてくれた。

その中で大変印象的だったのが、「先生にとって、しっぽとはなんですか？」というものだった。あまりに驚いて、一瞬言葉に詰まったほどだ。生物である「ヒト」にとってのしっぽとは何か、あるいは人間性を備えた「人」にとってしっぽはなんだったのか、そんなことばかり考えているせいで、肝心の「ひと」である私は果たしてしっぽのことをどう思っているのか、うっかり見落とすところであった。子どもたちというのは非常に本質的で、自分が失ったり、思ってもいなかったこうした気づきを与えてくれることが多い。いつも感心してしまう。

だが、今まで言語化していなかったこの考えを、なんとこの子たちに伝えたらいいのだろう。逡巡《しゅんじゅん》しつつ捻り出した言葉が、意外としっくりきた。

「しっぽは、私の人生にとって相棒である」

しっぽは、私にとって唯一無二の研究対象であり、飯の種でもあり、かつこれまで知らなかった世界を見せてくれたものでもある。

現代の我々の生活においても、しっぽは馴染み深い。日常的に使う言葉、とくに故事成語やことわざにも、しっぽは潜んでいる。しっぽを振る、しっぽを出す、しっぽを掴む、しっぽをまく。だが不思議なことに、しっぽの出てくる故事成語はネガティブな意味を持つものばかりなのである。トカゲのしっぽ切り、といえば大抵なんらかの不祥事が絡んでいる。

「たかがしっぽ」。ヒトの持たぬもの。不要なもの。これがそうした悪い意味の背景に存在する概念なのかもしれない。だが、ヒトにないからといってしっぽが決してつまらない器官ではないことは、この本の初めの方を読んでくだされればご理解いただけるだろう。また、人は決してしっぽをただ見下してきたわけではないことも、この本の後編から感じていただければと思う。ヒトがしっぽを持たぬゆえに、人はそこに超人的かつ非ヒト的な何かを見出している。そんな可能性を私は見据えている。しっぽについて調べてみたからこそ、「されどしっぽ」の感覚を得たのである。

皆さんにとっても、しっぽというものはこれまで気にしたことがないような器官だったかもしれない。だが、この本を読み終えてくださった後ならば、きっとこれからはもっとしっぽが目についたり気になったりするのではないだろうか。「たかがしっぽ」だった皆さんの認識が「されどしっぽ」に一歩でも近づいたことを願う。

しっぽ観察のすすめ

最後に、もっとしっぽを楽しむための話をしよう。

先日、ＮＨＫのテレビ番組に出演したのだが、その際に番組ディレクターから聞いて驚いたことがある。動物園に行った際、動物が正面を向いていると多くの人はある程度立ち止まって眺める。だが動物が後ろを向いていたら、なんとほとんどの人が一瞥のみで立ち去ってしまうのだという。

それを聞いて私は少なからぬ衝撃を受けた。なんということだろう。動物園に、一体何を見にきているのだろうか。もちろん、私にとってはむしろ後ろ姿が好都合。しっぽがよく見えて大変ありがたい。自分の特殊性は理解していたものの、まさか他の人々がそこまで後ろ姿にがっかりしているとは、想像もつかなかったのだ。

そして、なぜそんなに後ろ姿にがっかりするのかを考えてみた。これはあくまで私の推測であるが、おそらくは我々ヒトのコミュニケーションにその理由があるような気がしている。「目を見て話しましょう」というのは、面接や恋愛のハウツー本によく書かれている文言である。そうした本には加えて、「目を見て話すのが苦手な人は、相手の眉や口元を見るといい」とも書かれている。つまり、現代の対ヒトコミュニケーションでは相手の顔を見ることが誠実さの表象として重要視されているのである。

意思疎通のために顔が重要であるのは、きっと現代に限ったことではない。「顔色をうかがう」「浮かぬ顔」「涼しい顔」といった慣用句があるように、我々は相手の顔面から心理状況を推察してきた。加えて「顔色が悪い」「紅顔の美少年」というように、顔面はヒトの身体状況を示すバロメーターでもある。大抵のことは「顔に書いてある」のだ。

また、我々ヒトの大切なコミュニケーションツールの一つは言語である。表情だけでなく口の動きも意思疎通には欠かせない。対面の英会話は得意でも、英語での電話対応となると不得手な方が多いのも、それに通ずる。

だから古今東西を問わず、我々ヒトはコミュニケーションを図る相手が何を考え、どういう状況であるのかを察するために、つい顔面を見てしまう傾向がある。その傾向が、動物に対しても無意識に働いてしまっているのではないかと私は思う。

もちろん彼らの顔から分かることもたくさんある。たとえば、目の位置や大きさを見れば、その動物がどういう視野を持っているのか、あるいは昼に活動するのか、夜に活動するのかといった情報を我々は得ることができる。吻《ふん》の部分が長ければ、嗅覚が大事なのだなと想像もつくし、口の中の歯を見れば何を食べる生き物なのかも予想がつく。我々ヒトと同じく、彼らの顔面から得られる情報は確かに多い。

だがそれと同じくらい、彼らの後ろ姿、すなわちしっぽを含むお尻周りは雄弁なのである。その雄弁さに一役買っているのが、間違いなく私の愛するしっぽである。たとえば、しっぽの長さを見ればその動物の生息地の気候（暑さ・寒さ）がある程度分かるという話は先述の通りである。加えて、寒ければしっぽをマフラーのように体に巻きつけたり、暑ければしっぽで日陰を作る動物もいる。

それ以外に、ぜひ私が注目してもらいたいと思うのは、しっぽの使い方だ。一番分かりやすいのは、運動器官としてのしっぽの活用法だろう。たとえば、木の上で暮らす生き物たちは不安定な枝の上を飛んだり跳ねたりする際に、しっぽでバランスをとったり、しっぽを振って勢いをつけたりする。樹上生活者である彼らにとって、しっぽはバランス維持器官（バランサー）としてなくてはならない存在なのである。しっぽを振っていても、決して観察者である我々に媚を売っているわけではない。他にも、中南米や東南アジアなどの熱帯雨林で暮らす生き物ならば、枝に体を固定したり、枝からぶら下がって効率よく餌をとったりするために、巻きつけられるしっぽ（把握尾）を持つこともある。しっぽを巻いていても、降参しているわけではなく、むしろ餌や移動に対して積極的である。水の中を泳ぐような生き物だと、舵をとる役割を担う太くて筋肉質なしっぽを持っていることもある。一方、地中に穴を掘って暮らす生き物はしっぽが短い方が都合のよい場合もある。

群れで暮らす生物の場合は、コミュニケーションの道具としてしっぽが使われることも多い。群れの中に順位のあるような霊長類では、しっぽの上げ下げが順位を表すこともあるし、南米に棲むティティという霊長類は仲の良い個体同士でしっぽを巻きつけあうことも知られている。その他、カバはなわばりを示すためにしっぽで糞をまきちらす。それ以外だと、敵に遭遇したらしっぽを囮にして逃げ延びる例があるのは、皆さんもご存じの通りである。

今ここに挙げただけでも、しっぽを見るだけでどこの地域や場所に棲んでいるのか、どんな仲間と棲んでいるのか、敵からどうやって逃げるのか、など実に多様な情報が分かるのである。

ヒトには生えていないからこそ、人がそこに様々な意義や意味を含ませてきたしっぽ。実際にヒト以外の動物たちが、様々な意図でそれを用いているのを、もしかしたら昔の人々は今よりもよく観察し、知っていたのかもしれない。

言葉が進歩し、技術が進歩し、今の我々はもはや、直接相手や現物を見なくても情報が得られてしまう。だが、ここまでこの本にお付き合いくださった皆さんにはぜひ、生のしっぽをしげしげと見ていただきたいと私は思う。そうすることで、しっぽ自体の面白さにも気づけるとともに、しっぽを見たこと・感じたことによって自分の内側に想起するもの、つまり自分のひとらしさにも思いを馳せることができると私は考えている。

おわりに

この本を辛抱強く最後まで読んでくださった読者の方々に、まずは感謝を申し上げたい。あちこちに話題が脱線したり、トピックも色々だったりで、読み慣れなかったのではないかと少し心配している。だが、私のしっぽに関する研究は、実際にこのような感じであるので、そのライブ感が伝わればよいとも思っている。

しっぽの研究をしていてよかったと思うことは、自分の興味の幅が広がって、生きているだけでずいぶんと楽しいことだ。たとえば、美術と名のつくものに一切の興味がなかった私にその素晴らしさを教えてくれたのも、しっぽである。

実はお恥ずかしながら、私は美術というものに対する造詣が浅い。浅すぎてほとんどなかった。高校までの美術はずっと評価2だったし、授業で絵を描いてみても美術の先生に描き直されてしまったことさえあった。化石や出土品、生きた動物には心動かされるのに、どんな名画を見ても何も感じることがなかった。

中学生の頃、大阪市立美術館でフェルメール展が開催されたことがあった。目玉は「青いターバンの少女」という絵画で、当時、それはそれは大阪で話題になった。私は全く興味をそそられなかったが、当時の友人が目を輝かせながら行ってみたいと言った。美術の授業でも、普段は朴訥《ぼくとつ》とした先生が、熱量を上げてフェルメールの話をしていた。そんなにすごいなら、まあ一度見てみてもいいだろう。そう思った私は、友人と連れ立って天王寺公園に行った。

確か日差しが強くて暑い日で、堪え性のない中学生だったにもかかわらず、朝から4時間ほど行列に並んだ覚えがある。やっとの思いで涼しい美術館の入り口に到達したわけだが、私は5分で全てを見終わり、出口に到達してしまったのだった。そしてまた、出口で友人を長々と待つ羽目になった。

この体験を経て、当時の私は気づいたのだった。私は美術や絵画を解する能力をどこかに置き忘れてきたらしい。私には無縁の世界だと。だから私は美術や芸術に対して、つい最近まで苦手意識というか、「自分には関係のないもの」というスタンスをとってきた。欧米での資料調査に行った際、自然史博物館や大英博物館の展示品には何度感動したか分からないのに、ルーブル美術館で「モナリザ」を見ても「小さいなあ」としか思わなかった。倉敷の大原美術館は、どれくらい短時間で全て見終えられるか、友人とタイムを競うくらいにしか活用できなかった。

つい最近までそんな風だった私の世界を、広げてくれたのがしっぽだった。

「玉藻前《たまものまえ》」は九尾狐の姿で表現されるのではなかったか。ある日ふとそう思いついた私は、「玉藻前」がよく描かれる浮世絵というものを一度見てみたいという心持ちになったのだった。だが、浮世絵も美術品。有名どころをちらっと見るくらいでいいや。そんな気分だった。そうすると折よく、大阪のあべのハルカス美術館で北斎展をやるとの情報が耳に入ってきた。当時の勤務先・大阪市立大学（現・大阪公立大学）医学部の窓からは、視界のほとんどを遮るほどに、でかでかとハルカスが見えている。目と鼻の先で開催されているということも相まって「ま、一回見てみてもいいか」というくらいの軽い気持ちで私は仕事終わりに出かけた。まさか、その経験が私の近い将来を一変させるとも思わずに。

その会場で私は、葛飾北斎に完全なるＫＯを喰らったのだった。見ているだけで引き込まれそうになるほどの、圧倒的な世界。２次元だと信じられないくらいの奥行き。ガラス越しだと思えないくらいに絵の向こうの空気や温度まで感じられそうだった。

ハマりにハマった私は、会期中に何度も何度もその浮世絵たちを見に通った。絵としての技術だけでない。そこに織り交ぜられる洒落のなんと絶妙な加減。絵師として、もっと上をと自らに臨む姿勢の明白なこと。若いときに描かれたものから円熟していくに至るその道をなぞることの、なんとドラマチックなことか。打ち震える心を土産に帰路についたのだった。

それがきっかけになり、私は生物学的なだけではないしっぽに目を向けるようになっていった。北斎のおかげで、浮世絵全般へと私の興味は広がっていった。とくに私が感じ入ったのが、この本のどこかでも述べた「富嶽三十六景」だった。ベタだなあと笑わないでもらいたい。自分でも、全くそう思う。だがこれが、自分がそれまで研究の世界に対して、自分の研究の進め方に対して、感じていたモヤモヤの全てをすっきり解決してくれたのだ。

しっぽのことを知るためには、一つのやり方では満足できない。だからこそ、様々な手法を試すのだが、それがお気に召さない研究者も多い。自分では正しいと思う方法を貫いていても、その批評がどんなに的を射ていないと分かってはいても、悪評を聞くのはいい気分ではない。時と場合によっては、なかなかに堪えることもある。だが、そんな私の背中を支えてくれたのが、この浮世絵だったのである。山一つとっても、見え方、描き方、登り方は千差万別である。それでいい。色々な研究者がいていいのである。

この本の冒頭でも述べたが、様々な情報のあふれる今日であっても、我々の考え方というのは割と従来の型に、知らず知らず囚われてしまっていることがある。破天荒では困ることもあるが、もう少し自由であってもいいと私は思う。

末文ながら、そんな私の考え方に共感し、生まれて初めてしっぽの研究を本にする機会を与えてくださった光文社の河合健太郎さん、そして私の研究を面白いと信じ励ましてくださった全ての方々に深く深く感謝を申し上げたい。

２０２４年６月

東島沙弥佳

東島沙弥佳（とうじまさやか）
1986年、大阪府生まれ。奈良女子大学文学部国際社会文化学科卒業。京都大学大学院理学研究科生物科学専攻博士課程修了。博士（理学）。京都大学大学院理学研究科生物科学専攻研究員、大阪市立大学大学院医学研究科助教を経て、現在は京都大学白眉センター特定助教。専門はしっぽ。ヒトがしっぽをどのように失くしたのか、人はしっぽに何を見てきたのかなど、文理や分野の壁を越えてしっぽからひとを知るための研究・しっぽ学をすすめている。本書が初の単著。

しっぽ学《がく》

2024年8月30日初版1刷発行

著　者 ── 東島沙弥佳
発行者 ── 三宅貴久
装　幀 ── アラン・チャン
印刷所 ── 堀内印刷
製本所 ── ナショナル製本
発行所 ── 株式会社光文社
東京都文京区音羽1-16-6（〒112-8011）
https://www.kobunsha.com/
電　話 ── 編集部03（5395）8289　書籍販売部03（5395）8116
制作部03（5395）8125
メール ── sinsyo@kobunsha.com

　ISBN 978-4-334-10400-9

光文社新書

1302
子どものこころは大人と育つ
アタッチメント理論とメンタライジング

篠原郁子

ボウルビィが提唱したアタッチメント（愛着）は、子どもにとって重要なすべての大人との間に形成されうる。心で心を思う《メンタライジング》ことをベースに、アタッチメント理論をわかりやすく解説する。

978-4-334-10251-7

1303
頭上運搬を追って
失われゆく身体技法

三砂ちづる

今の日本では失われつつある身体技法「頭上運搬」。沖縄や伊豆諸島ほか日本各地や海外にその記憶と痕跡を訪ねる。生活や労働を支えた身体技法と、自らの身体への理解や意識を考察。

978-4-334-10252-4

1304
定点写真で見る　東京今昔

鷹野晃

江戸・明治・大正・昭和――。東京はいかに変貌したのか。東京を撮り続けて40年の写真家が、「定点写真」という手法を用いて破壊と創造の首都を徹底比較。写真４５１点収録！

978-4-334-10253-1

1305
バッタを倒すぜ　アフリカで

前野 ウルド 浩太郎

世界中を飛び回り、13年にわたって重ねてきたフィールドワークと実験は、バッタの大発生を防ぐ可能性を持っていた！　新書大賞受賞、25万部突破の『バッタを倒しにアフリカへ』続編。

978-4-334-10290-6

1306
中日ドラゴンズが優勝できなくても愛される理由

喜瀬雅則

2年連続最下位でも視聴率と観客動員は好調。なぜ順位と人気は相関しないのか？　優勝の可能性は？　立浪監督はじめ多くのOBや関係者への取材を基にしたドラゴンズ論の決定版。

978-4-334-10291-3

1307
ダーウィンの進化論はどこまで正しいのか？
進化の仕組みを基礎から学ぶ
河田雅圭

『種の起源』刊行から一五〇年以上がたった今、人類は進化の仕組みをどれほど明らかにしてきたのか。世に流布する進化の誤解も解きほぐしながら、進化学の最前線を丁寧に解説する。

978-4-334-10292-0

1308
中高生のための「探究学習」入門
テーマ探しから評価まで
中田亨

仮説を持て、さらば与えられん！　アイデアの生み出し方、調査や実験の進め方、結果のまとめと成果発信、安全や倫理等を具体的にガイド。研究者の卵や大人にも探究の面白さを伝える。

978-4-334-10293-7

1309
世界の富裕層は旅に何を求めているか
「体験」が拓くラグジュアリー観光
山口由美

旅に大金を投じる世界の富裕層が求めるものは？　彼らの旅のスタンダードとは？　近年のラグジュアリー観光を概観し、安心や快適さではない、彼らが求める「本物の体験」を描き出す。

978-4-334-10294-4

1310
生き延びるために芸術は必要か
森村泰昌

歴史的な名画に扮したセルフポートレイト作品で知られ、「私」の意味を追求してきた美術家モリムラが、「芸術」を手がかりに「生き延びること」について綴ったM式・人生論ノート。

978-4-334-10295-1

1311
組織不正はいつも正しい
ソーシャル・アバランチを防ぐには
中原翔

燃費不正、不正会計、品質不正、軍事転用不正……。組織不正はなぜあとを絶たないのか――。気鋭の経営学者が、組織をめぐる「正しさ」に着目し、最新の研究成果を踏まえて考察する意欲作。

978-4-334-10322-4

1312
経営の力と伴走支援
「対話と傾聴」が組織を変える
角野然生

経営者との「対話と傾聴」を通じ、自立的な企業変革への道筋をつける「伴走支援」の枠組みを、第一人者の実践を基に示す。南山大学教授・中村和彦による、組織開発の視点での解説を収録。

978-4-334-10324-8

1313
英語ヒエラルキー
グローバル人材教育を受けた学生はなぜ不安なのか
佐々木テレサ
福島青史

英語で授業をするEMIプログラム。学部卒業生に日本語や承認の不安を覚える人が出ている。聞き取りを基に内実と問題点を提示。指導教員が多言語話者成長の苦悩と対策を解説。

978-4-334-10325-5

1314
ナショナリズムと政治意識
「右」「左」の思い込みを解く
中井遼

政治的な左右と結びつけられがちなナショナリズムの概念を政治学の知見と国際比較からとらえなおし、日本人の政治意識が世界においてどれだけ普遍的もしくは特殊なものであるか検討する。

978-4-334-10323-1

1315
電車で怒られた！
「社会の縮図」としての鉄道マナー史
田中大介

「バッグが当たってんだよ！」。時に些細なことで殺伐とする電車内。なぜ人は電車でイラついてしまうのか？「車内の空気」の変遷を丹念にたどり、その先にある社会までを見通す一冊。

978-4-334-10351-4

1316
なぜBBCだけが伝えられるのか
民意、戦争、王室からジャニーズまで
小林恭子

大戦による「危機」、政権からの「圧力」、そして王室との「確執」まで――。報道と放送の自由のために、メディアは何と向き合ってきたのか？ 在英ジャーナリストと辿る「BBCの一〇〇年」。

978-4-334-10352-1

光文社新書

1317

「ふつうの暮らし」を美学する
家から考える「日常美学」入門

青田麻未

家の中の日常に「美」はあるか？　椅子、掃除、料理、地元、ルーティーンを例に、若手美学者が冴えわたる感性で切り込む。「美学」の中でも新しい学問領域、「日常美学」初の入門書。

978-4-334-10353-8

1318

フランス　26の街の物語

池上英洋

フランスの魅力は豊かな個性をもつそれぞれの街にある――。美術史家が、人、芸術、歴史、世界遺産の観点から厳選した26の街を訪ね歩き、この国がもつ重層性と多面性を、新視点で綴る。

978-4-334-10354-5

1319

等身大の定年後
お金・働き方・生きがい

奥田祥子

再雇用、転職、フリーランス、NPO法人などでの社会貢献活動、そして管理職経験者のロールモデルに乏しい女性の定年後に焦点をあて、あるがままの〈等身大〉の定年後を浮き彫りにする。

978-4-334-10375-0

1320

日本の政策はなぜ機能しないのか？
EBPM《エビデンスに基づく政策》の導入と課題

杉谷和哉

データやファクトに基づき政策を作り、適切に評価する。当たり前のことのようで、これが難しい。その背景を公共政策学の知見から分析し、「政策の合理化」を機能させる条件を考える。

978-4-334-10376-7

1321

日本の古代とは何か
最新研究でわかった奈良時代と平安時代の実像

有富純也 編　磐下徹
十川陽一
黒須友里江
手嶋大侑　小塩慶

国家や地方は誰がどう支配していたのか？　藤原氏は権力者だったのか？「唐風文化から国風文化へ」は本当？　受領は本当に悪吏だったのか？…気鋭の研究者らが新たな国家像に迫る。

978-4-334-10377-4